国家自然科学基金研究专著

U0306456

美国白蛾
NPV-Bt与持续控制寄主的
作用机理

◎ 段彦丽 著

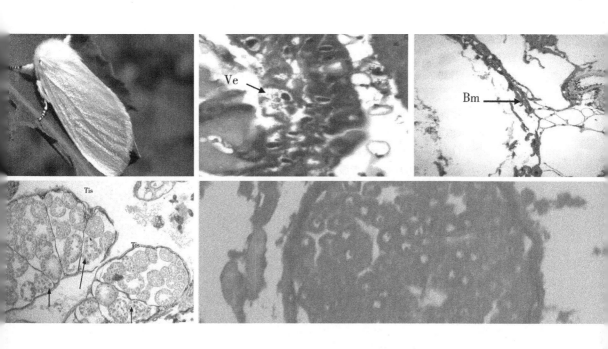

中国农业科学技术出版社

图书在版编目(CIP)数据

美国白蛾 NPV-Bt 与持续控制寄主的作用机理／段彦丽著 . --北京：中国农业科学技术出版社，2023.9

ISBN 978-7-5116-6416-7

Ⅰ.①美…　Ⅱ.①段…　Ⅲ.①美国白蛾-防治-中国　Ⅳ.①S433.4

中国国家版本馆 CIP 数据核字(2023)第 169325 号

责任编辑	穆玉红
责任校对	李向荣
责任印制	姜义伟　王思文

出 版 者	中国农业科学技术出版社
	北京市中关村南大街 12 号　邮编：100081
电　　话	(010) 82106626 (编辑室)　　(010) 82109702 (发行部)
	(010) 82109709 (读者服务部)
网　　址	https://castp.caas.cn
经 销 者	各地新华书店
印 刷 者	北京建宏印刷有限公司
开　　本	170 mm×240 mm　1/16
印　　张	9.25
字　　数	165 千字
版　　次	2023 年 9 月第 1 版　2023 年 9 月第 1 次印刷
定　　价	58.00 元

前　言

美国白蛾是国际上重要的检疫性害虫。我国自 1979 年在辽宁省丹东地区首次发现后，逐渐向东北和西南方向扩散，截至 2022 年已蔓延至 14 个省、611 个县。其寄主植物达 200 种以上，包括多种林木、果树和农作物，不仅给林业造成严重危害，给果树、蔬菜、农作物等也造成重大损失。在农业生产害虫防治上，应用杆状病毒杀虫剂具有对靶标专一性、害虫不易产生抗药性、对天敌安全、对人和畜禽安全、不污染环境、可以引发害虫种群持续流行病发生等优势。随着我国经济发展，消费者健康及环境保护意识的不断提高，农业生产环境和农产品品质越来越受到重视，因此，采取生物防治病虫害可持续治理的策略，对促进农业增产、农民增收、改善生态环境具有重要意义。美国白蛾核型多角体病毒（HcNPV）杀虫剂已经在我国有美国白蛾的疫区大量使用，在防治美国白蛾中发挥着越来越重要的作用。但是，目前对该病毒的感染致病机理和遗传规律等基础性研究还未见报道。本研究以 HcNPV-Bt 与寄主互作为研究对象，探讨其感染致病的机理及对寄主种群的持续控制效力，试图为病毒杀虫剂的开发以及杆状病毒的基础研究奠定理论基础。

本书在国内外现有研究基础上，阐述了绿色环保新型的美国白蛾核型多角体病毒与 Bt 复合微生物制剂——HcNPV-Bt 的作用机理。以美国白蛾幼虫为测试对象，采用生物活性测定研究 HcNPV-Bt 感染美国白蛾的组分配比及毒力、HE 染色研究 HcNPV-Bt 侵染寄主的组织病理学变化、电镜研究 HcB 经口感染对寄主的超微结构侵染时相、免疫组化研究 HcNPV 在寄主组织中的侵染时相及定位、蛋白浓度和 SDS-PAGE 分析染病寄主的血淋巴生化变化、PCR 检测染病寄主 HcNPV 传代效应、电镜和分子生物学研究 Hc-NPV 连续传代基因组等的变化、美国白蛾核型多角体病毒不同分离株的形态和毒力差异，初步研究 HcNPV 与 Bt 混合致病机理及其病毒对寄主种群的持续控制作用，力争从多个角度揭示 HcNPV 与寄主的互作机理。旨在为开发和应用 HcNPV 及 Bt 复合微生物替代或减少化学农药提供科学依据，推动我国农林业生产可持续发展。

在此，感谢中国林业科学研究院森林生态与环境保护研究所的领导与同事，感谢导师杨忠岐教授的精心指导和谆谆教诲；感谢张永安研究员的悉心指导，感谢他所主持的国家自然科学基金项目（30671688）为本研究工作的顺利开展提供了经费保障；感谢中国林业科学研究院森林生态与环境保护研究所微生物研究室王玉珠、曲良建老师在研究工作中对数据处理给予的大量帮助；感谢中国科学院动物所秦启联博士惠赠美国白蛾 NPV 不同毒株、其他试验材料及给予的许多无私的指导和帮助；感谢中国军事科学院辐射研究所高亚兵老师在组织病理切片、免疫组化方面给予的大量帮助；感谢中国农业大学电镜室刘海虹、贾君镇老师协助超薄切片制作及电镜观察；感谢中国林业科学研究院林业所张春玲硕士在分子实验中给予的大量帮助；感谢微生物研究室张寰、乔鲁芹、温发园、杨苗苗、马沛沛、王文欢、仲国立、薛建杰、杨唯一、陈川、马占红、杨亮亮、高荣胜等博士、硕士和工作人员；中国林业科学研究院森林生态与环境保护研究所提供的先进的科研条件、充足的研究经费和良好的学习氛围让我得以顺利开展研究工作，中林恩多威生物工程技术公司徐保泯、张海萍在提供美国白蛾虫源、饲料等方面给予我很大支持，在本著作的撰写过程中，参考了众多学者的研究资料，在此一并表示衷心感谢。

HcNPV-Bt 与美国白蛾互作可持续防控研究，从致病性、组织病理学、超微结构分析、免疫组织化、连续传代毒力变化、不同毒株基因组酶切图谱等方面，探讨其感染致病的机理及对寄主种群的持续控制效力，这是个极其复杂的过程，且涉及多个学科，本研究仅仅是其中很小一部分。由于作者理论水平有限，书中如有不足之处，敬请读者批评指正。

段彦丽
2023 年 4 月

目　录

图目录

表目录

第一章　相关研究概述

一、美国白蛾危害及防治概况

美国白蛾（*Hyphantria cunea* 英文名 Fall Webworm，American White Moth）是严重的食叶害虫和国际上重要的检疫性害虫。1979 年在我国辽宁省丹东地区首次被发现，后逐渐向东北和西南方向扩散，截至 2022 年已蔓延至 14 个省、611 个县，对我国的林业和园林绿化事业造成了重大危害。其寄主植物达 200 种以上，包括多种林木、果树和农作物，不仅给林业造成严重危害，还对农业生产的果树、蔬菜、农作物等造成重大损失。在各种防治美国白蛾的措施中，生物防治是长治久安的理想策略之一。美国白蛾核型多角体病毒（HcNPV）杀虫剂已经在我国有美国白蛾的疫区大量使用，在防治美国白蛾中发挥着越来越重要的作用。但是，目前对该病毒的感染致病机理和遗传规律等基础性研究还未见报道。本研究以 HcNPV-Bt 与寄主互作为研究对象，探讨其感染致病的机理及对寄主种群的持续控制效力，试图为病毒杀虫剂的生产应用以及杆状病毒的基础研究奠定基础。

林业有害生物，特别是外来物种美国白蛾的入侵对我国林业和园林绿化事业造成了严重的损失和危害，已经成为我国生态环境建设和林业快速发展的一大障碍。在生物防治实践中，有许多微生物杀虫剂与农药混配，或不同微生物杀虫剂的混配使用，增强了杀虫效果，降低了害虫的抗药性，保护了生态环境。但在生产应用中也出现了不合理的混配现象，导致了农药的残留、抗性、毒性等问题加重，破坏了生态系统的平衡。近年来，国内外有关农药间的混配机理研究较多，研究也较深入，但对于各类微生物农药间的混合作用及机理研究得较少。虽然有关于美国白蛾核型多角体病毒致病性及分子生物学研究的一些报道，但对于该病毒及与寄主互作在遗传学、生理生化、致病机理等方面的研究尚未见报道。因此，鉴于国内外对有害生物防控的可持续性策略，深入开展该病毒及与其他昆虫病原微生物互作的研究，对广谱昆虫病毒及混合杀虫剂的基础理论研究和应用均有重要的学术和实际应用价值。

昆虫病毒杀虫剂在生物防治中起着越来越重要的作用，对其致病机理及病毒遗传规律的深入研究，其学术价值和实践意义综合如下。

（1）美国白蛾是世界性的检疫害虫，目前在我国仍呈扩散蔓延趋势，它作为林业外来入侵生物中虫害的代表，研究其生物防治的重要手段——病毒杀虫剂的持续控制作用和机理，对其进行有效控制，对其他外来林业有害生物的生物防治具有重要参考价值。

（2）探索病毒与美国白蛾互作体系作用机理，为生物防治策略，推广应用提供重要的理论和技术支撑。

（3）苏云金杆菌制剂和杆状病毒制剂是进行有害生物防治不可或缺的手段。探讨这两种杀虫微生物农药复配的增效规律和机理，分析其增效原因，既可以指导农药混剂的开发与生产，又为基因工程微生物杀虫剂打下良好基础。

（4）应用昆虫学、分子生物学、电镜等新技术，通过揭示病原在细胞和亚细胞水平的互作实质及分子作用机理，不仅弥补了昆虫病毒学研究方法上的不足，而且为昆虫病毒遗传学、基因工程病毒杀虫剂、生物防治实践提供理论依据。

（5）通过对生物制剂防治美国白蛾的研究，提高生态安全意识，有利于采取科学合理的防治措施，减轻该有害生物造成的损失，促进生态环境建设有利于生态效益的发挥。

二、昆虫病毒学研究概况

核型多角体病毒（nuclear polyhedrosis vimses，NPV）是研究最早和最为详细的一类昆虫病毒。公元 1149 年，我国南宋农学家陈敷在农书中记载了家蚕"高节""脚肿"病，就是蚕农所称的家蚕"脓病"，现在则称核多角体病（Nuclearpoly-hedrosis）。而西方最早的研究报告，是由 1808 年法国人 Nysten 写的家蚕脓病（jaundice，欧洲养蚕业者又称为"黄疸病"或"脂肪退化病"）。1859 年，意大利人 Cornalia 描述了同类疾病的特征，但都没有明确病原体的性质。直到 1909—1913 年，Wahl、Von Prowazek 和 Escherich 才通过各自独立的实验证明这些疾病的病毒性质。1918—1919 年，Acgua 第一次证明家蚕黄疸病的病原体也是一种滤过性病毒。随后短短的几年就发现了许多昆虫感染病毒病。20 世纪 40 年代后，伴随着电子显微镜的发明，人们可以直接观察和鉴定病毒的形态、超微结构和侵染历程，同时对其化学性质、致病机理、发病条件及自然界的寄主等问题进行大量深入研究，极大地推动了昆虫病毒学的发展。通过空斑化获得基因型相同的病毒种群和建立昆虫细胞系，是 20 世纪 70 年代病毒研究者感兴趣的研究目标，经过 Grace、Hink、Granados 等许多研究者的努力，成功建立了许多有用的昆虫细胞系，利用这些细胞系来复制 NPV 和昆虫痘病毒，进行普通病毒空斑纯化以及深入研究杆状病毒分子生物学等，昆虫细胞系的培育成功大大促进了昆虫病毒学的发展。到 1981 年，对病毒病的描述几乎遍及昆虫纲的各个目，记载了 800 多种寄主昆虫和蜱螨类的 1 200 多种病毒病[1]。

20 世纪 80 年代以后，众多研究集中在提高杆状病毒杀虫作用方面。Miller、Maeda、Hammock 等博士以及其他研究者将许多基因插入病毒基因组以改善病毒杀虫活性。国内学者胡志红等进行了携带 AaIT 基因的棉铃虫重组杆状病毒（*Helicoverpa armigera* MNPV）的田间试验，研究结果支持重组杆状病毒可以提高对靶标昆虫杀虫力的观点[2-5]。

许多学者利用标记基因和免疫组织化学等技术对杆状病毒的感染过程开展研究，如 Keddie 等以 VP39 和 GP64 的抗体进行免疫组化实验发现，继发感染首先出现在血细胞和气管上皮细胞，然后转到其他组织，暗示被感染的血细胞在系统感染中起重要作用，但具体的机制并不清楚[6]，对研究揭示病毒侵染寄主提供了更有效的方法。

近 10 年来，杆状病毒分子生物学进入极其活跃、繁荣时期，对杆状病毒基因组的序列测定、病毒基因表达调控机制的阐述、几十个病毒编码基因的鉴定、病毒 DNA 复制顺式作用元件的鉴别等取得了巨大成果，极大地丰富了分子生物学的理论宝库。特别是杆状病毒已发展成为高效外源基因表达载体系统，成为表达各种类型基因最普遍的工具，广泛应用于农业、医学和生物学各个领域。杆状病毒寄主域的分子机制研究伴随着病毒基因操作技术的发展，构建广谱性工程杆状病毒杀虫剂已问鼎有望。

三、杆状病毒的结构与功能

（一）杆状病毒的分类学地位

杆状病毒是专性感染节肢动物的 DNA 病毒，主要感染昆虫纲的鳞翅目、双翅目和膜翅目昆虫。根据 1999 年公布的国际病毒分类委员会第七次报告[7]，昆虫病毒分属于 13 个病毒科、2 个病毒亚科、21 个病毒属。按核酸的类型可以分为：①双链 DNA 病毒，包括杆状病毒科、痘病毒科、多分DNA 病毒科、泡囊病毒科和虹彩病毒科；②单链 DNA 病毒，包括细小病毒科；③双链 RNA 病毒，包括呼肠孤病毒科、二分 RNA 病毒科；④单链 RNA病毒，包括微 RNA 病毒科、野田村病毒科和四体病毒科；⑤DNA 和 RNA反转录病毒，包括前病毒科、变位病毒科[8]。

杆状病毒是一类能造成致死性感染和病毒流行病的病原体[9]。它在分类上属于杆状病毒科，根据包涵体的形态和病毒诱导的细胞病理学特征，杆状病毒分为核型多角体病毒属（nucleopolyhedrovirus，NPV）和颗粒体病毒属（granulovirus，GV）[10]。杆状病毒包涵体基质蛋白分别为 NPV 的多角体蛋白（polyhedrin）或 GV 的粒体蛋白（granulin），它们的亲缘关系较近且高度保守。NPV 包涵体（Occlusion body，OB），又称多角体（Polyhedral Inclusion body，PIB），相对较大，直径 0.5～15μm 不等；而 GV 的包涵体较小，大小为（0.16～0.30）μm×（0.3～0.5）μm。其中核型多角体病毒属病毒又根据病毒粒子包膜中的粒子数目不同而划分为多粒包埋型核型多角体病毒（MNPV）和单粒包埋型核型多角体病毒（SNPV）。

（二）杆状病毒的分子结构

杆状病毒粒子是由杆状核衣壳（rad-shaped nucleocapsid）和包被它的脂质囊膜（envelope）所组成；主要成分为蛋白质的衣壳（capsid）紧紧包被髓核（core）形成核衣壳；病毒 DNA 分子与其密切相关的碱性蛋白质构成髓核。病毒粒子最后包被在蛋白质晶体结构中。多角体在胞核中包埋病毒粒子，蛋白晶体是多角体形状，则称为核型多角体病毒；蛋白质晶体结构呈圆形或卵圆形，则称颗粒体病毒。一般而言，NPV 的多角体包埋多个病毒粒子，而 GV 颗粒体中仅含有单个病毒粒子，偶尔含有两个病毒粒子[11]。

（三）杆状病毒的侵染和复制

1. 病毒粒子侵染周期

杆状病毒一个最显著的特征是其具有双重复制周期，产生两种具有不同形态、不同功能的病毒表型，即出芽型（budded virus，BV）和包涵体来源型病毒粒子（occlusion derived virus，ODV）或多角体来源型病毒粒子（polyhedra derived virus，PDV）。两种表型病毒粒子产生于病毒感染周期的不同时期，在细胞中的不同部位，它们的形态结构也存在差异(图 1-1)。

PDV 并不是简单地由 BV 被包涵体蛋白（occlusin）或多角体蛋白（polyhedrin）包被而成，被包被的病毒粒子（virion）在囊膜来源、囊膜的蛋白构成及形态学对不同组织和细胞的侵染性方面与 BV 有明显差异[12]。

PDV 中的病毒粒子囊膜来源于核膜，其上无病毒编码的 GP64 蛋白。PDV 中的病毒粒子在初级感染中通过与中肠上皮细胞的膜融合而发生感染，对中肠以外的细胞的感染力极低。而 BV 的囊膜来自细胞膜，其上有唯一的

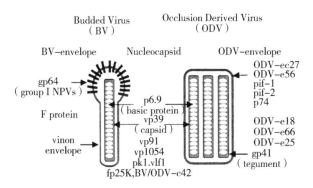

图 1-1 两种表型病毒粒子的形态结构比较

（原图来自于 Monique et al.，2007，有处理）

病毒编码蛋白 GP64。BV 对中肠感染力极低，主要是在初级感染中通过 GP64 介导的内吞作用而感染血腔内的组织和细胞。

ODV 由囊膜和核衣壳组成。MNPV 的 ODV 的囊膜中含有多个核衣壳，而 SNPV 的 ODV 只含有一个核衣壳。在 ODV 囊膜与核衣壳之间存在外被区（tegument region），GP41 蛋白被定位于外被区[13,14]。

囊膜为典型脂质双分子层膜结构，蛋白质含量比较丰富。目前已经鉴定的几种 ODV 病毒囊膜特异性蛋白包括：P74[15,16]、P25[17]、PDV-E66[18,19]、PDV-E43[19]、ODV-E56/ODVP-6E[20,21] 和 ODV-E18，ODV-EC27，ODV-E35[22]。

BV 由囊膜包被着单个病毒核衣壳构成，它不被多角体所包被，直接裸露在周围环境中。BV 核衣壳与 ODV 相同，其显著差别在于囊膜。根据分子进化及是否包含囊膜蛋白 GP64，NPV 又可分为 I 型和 II 型两个种群（group）[23,24]。I 型 NPV 包括苜蓿银纹夜蛾核型多角体病毒（*Autographa califionica* MNPV，AcMNPV），家蚕核型多角体病毒（*Bombyx mori* NPV，BmNPV）和黄杉毒蛾核型多角体病毒（*Orgyia pseudotsugata* MNPV，OpMNPV）等，II 型 NPV 包括棉铃虫核型多角体病毒（*Helicoverpa armigera* SNPV，HaSNPV），舞毒蛾核型多角体病毒（*Lymantria dispar* MNPV，LdMNPV），甜菜夜蛾核型多角体病毒（*Spodoptera exigua* MNPV，SeMNPV）等。I 型在进化上同源性较强，而 II 型在进化上存在很大差异。感染昆虫后，BV 以出芽的方式释放到细胞间质，在不同的细胞、组织间进行从细胞到细胞的次级感染，最终导致寄主死亡。ODV 被多角体包裹，在种群中作横向和纵向传递，即从个体到个体的初级感染。BV 一般以受体介导 BV 的吸附内吞方式进入细胞，而 ODV 则通过病毒囊膜与肠壁细胞膜直接融合而进入细胞。二者之间功能的差别很大程度上取决于病毒粒子的表面结构，主要包括囊膜蛋白。在出芽病毒粒子中，两类不同的膜融合蛋白已被鉴定，Ⅰ型 NPV 的 BV 以 GP64 作为其膜融合蛋白，而Ⅱ型 NPV 和 GV 没有 GP64，却使用另一类称为 F 的膜融合蛋白进行次级感染。

核衣壳（Nucleocapsid）由衣壳（Capsid）和髓核（Core）组成。衣壳位于髓核外周，由多种衣壳蛋白组成，目前已经鉴定的主要衣壳结构蛋白包括：VP39[25]、P80/87[26]、P24[27]和 P78/83[28]。它们是 ODV 和 BV 所共有的结构蛋白。髓核位于衣壳之中，由超螺旋 DNA 和结合蛋白构成，目前已经鉴定的是碱性 DNA 结合蛋白 P6.9[29]。

2. PDV 型病毒粒子对昆虫的初级侵染

PDV 在昆虫中肠中发生初级感染（图 1-2）。侵染细胞并转移到核中去的机制如下。

（1）溶解。释放 PDV 被昆虫食入后，中肠的碱性肠液（pH 值 9.5~11.5）和碱性蛋白酶将包涵体蛋白或多角体蛋白溶解和降解，使包被在其中的病毒粒子释放出来。

（2）附着。释放出的病毒粒子通过中肠表面由几丁质和蛋白质组成的膜性结构——围食膜（peritrophic membrane，IM）孔隙而附着于中肠柱状上皮细胞位于肠腔内的突起，该突起上覆盖着一层由多糖形成的纤维结构。可以是顶点附着，也可以是边附着[31,32]。

（3）融合。1993 年，在昆虫的中肠细胞中发现了 PDV 特异性受体，并且证明了杆状病毒是通过直接的膜融合，而不是通过细胞的内吞作用侵入中肠细胞的。这个膜融合过程在碱性 pH 值条件下明显增强，可能是通过碱性 pH 值条件下病毒与受体的结合增强而实现的。因此，在碱性 pH 值条件下病毒的感染性也便得到了增强[33,34]。进入细胞质中的核衣壳附着于直径为 22nm 的微管上，这些微管参与核衣壳的定向运动，即从细胞膜向核膜的转运[34,35]。但是，另外的实验观察到，有效的病毒感染和复制不依赖于完整的微管结构。因而他们认为细胞内的病毒核衣壳的转运并不依赖于微管结构[34,36,37]。

（4）脱壳。核衣壳转运至核膜与其附着，它与核膜上的核孔结构相互作用[31,38]。虽然核衣壳与核膜无特异相关性，但它们总是以一端与核孔相连，这种作用方式可能与核衣壳粒子末端的不同结构极性有关[39]。GV 的核

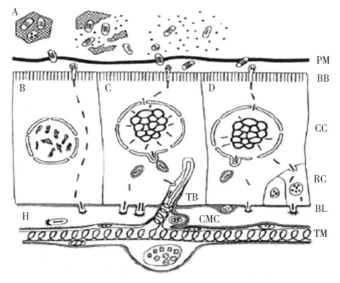

图 1-2　感染鳞翅目昆虫的杆状病毒的初级感染过程[30]

衣壳与核孔相互作用时，Mn^{2+}能引发蛋白酶的活化，活化的蛋白酶有两个功能：一是使 DNA 相关的碱性蛋白磷酸化，经过磷酸化的 DNA 相关碱性蛋白不再使 DNA 保持浓缩状态；二是使核衣壳裂解。在核衣壳的裂解时，基因组和核衣壳的帽状结构多肽发生特异性作用，这种作用的结果是帽状结构蛋白协助 DNA 通过核膜孔进入核内[40,41]。NPV 的脱衣壳过程与 GV 有所不同。NPV 核衣壳的一端与核孔相互作用后，完整的核衣壳通过核孔进入细胞核中，在细胞核中完成脱衣壳[35,42]。

在胞浆中，也有一些核衣壳并不进入细胞核中，而是直接移向基底膜，通过出芽方式获得带有膜粒的囊膜而进入血腔[42]，它们不经复制而直接参与寄主组织的全身感染。

3. BV 型病毒粒子侵染细胞并转移到核中的机制

芽生型病毒首先吸附到寄主细胞表面。通常认为是病毒蛋白与寄主细胞表面的特异性受体发生相互作用，形成病毒—受体复合物。在此部位，寄主细胞膜内陷，最后形成包裹囊泡而完成内吞作用[43,44]。这是个需能过程，细胞内提供能量的抑制剂和低温，都可抑制内吞作用[45]。

吞噬泡上的质子泵使吞噬泡内环境酸化，对于杆状病毒，BV 囊膜上的 GP64 蛋白被认为在内吞和膜融合过程中起着重要作用。GP64 蛋白构象在短暂的低 pH 值条件下发生变化，这个变化过程对于 GP64 蛋白介导的膜融合是必需的[46,47]。GP64 拥有融合膜（fusion peptides），它存在于跨膜锚定多肽链中，由 16～20 个氨基酸组成一个相对疏水域，其中融合域（fusion domain）定位在 223～228 位氨基酸残基[48]。GP64 蛋白在低 pH 值条件下的构象变化，实质上就是使融合肽的暴露，暴露的融合肽附着于质膜，并与其受体结合，形成融合结构——瞬时媒介物（transcient intermediate）。这种媒介物通过蛋白质的旋转和侧向移动，最后的结果是几个媒介物聚合，在聚合的内部形成融合孔而完成膜融合过程。其中暴露的融合肽与靶膜的结合具有时滞现象。这种时滞的长短可能与融合蛋白的表面密度、pH 值、温度和靶膜上受体的存在有关。质膜的脂质组成在膜融合过程中起调节作用[49,50]。这样，核衣壳通过融合孔进入寄主细胞的细胞质中[51]。

Monsma 等[48]通过将 LacZ 插入，构建 GP64 失活的重组病毒，该重组病毒能感染银纹夜蛾（*Argyrogramma agnata*）中肠细胞，但不能进一步表现感染血腔细胞的能力。所以，GP64 是 BV 发生细胞间传染以及全身感染所必需的。在 *L. dispar* 细胞中瞬时表达 GP64 的细胞能在 pH 值 5.0 形成合胞体，而在 pH 值 6.0 不能形成合胞体[46]。所以，仅凭 GP64 蛋白就可以在酸性条件下诱导膜融合。破坏吞噬泡内酸化的物质如 NH_4Cl 和氯奎（chloquine）能阻止吞噬泡内病毒的释放[52,53]。GP64 的中和抗体也可因阻止其构象变化而阻止病毒的释放[45]。

从吞噬泡中释放到细胞质中的核衣壳如何进入细胞核中完成复制和转录 Chariton 和 Volkman 发现[54]AcMNPV 感染 SF21 细胞过程中会出现肌动蛋白构象的变化，脱去囊膜的核衣壳进入细胞质就可诱导细胞中原有的肌动蛋白形成缆索结构。用细胞松弛素 D（Cytochalasin D，CD）处理 AcMNPV 感染的 IPLB-SF-21 细胞，抑制肌动蛋白形成纤维结构，病毒蛋白和核酸的合成不受影响，但从核膜上出芽的是不含核衣壳的空病毒颗粒[55]。可见，纤维状肌动蛋白是病毒的核内装配所必需的。最近对 AcMNPV 核衣壳在哺乳动物细胞中的运输发现，肌动蛋白纤维和肌球蛋白（Myosin）与由细胞质向细胞核的转移有关[37]。已经检查的十几种 Actin 结合蛋白与核衣壳的运输无关。至于是否还有其他的病毒或寄主因子参与，目前尚不得知。

电镜及免疫荧光技术都发现，包涵体的核衣壳在核孔处将核酸注入核内，病毒的核酸在核内进行复制和表达，病毒的衣壳留在核外。核型多角体的核衣壳通过核孔进入核内，在核内脱去衣壳，然后进行复制和表达。至于核衣壳怎样通过核孔，尚无文献报道。

关于病毒 DNA 从核衣壳中的释放，Funk 和 Consigli[56] 根据实验资料提出，碱性蛋白 P6.9 以非磷酸化形式与杆状病毒 DNA 结合，并在锌存在下形成稳定的核衣壳结构。在 DNA 脱壳时，由于 Zn^{2+} 被螯合，与核衣壳有关的激酶被活化，活化的激酶催化 P6.9 磷酸化，磷酸化的 P6.9 与 DNA 结合力降低，最终导致 DNA 伸展并从核衣壳中挤出，释放到核基质中（nucleoplasma）。

（四）杆状病毒基因组及传播研究

1. 基因组测序

Breindle 和 Jirove 是最早分析 NPV 病毒粒子而鉴定杆状病毒的遗传物质为 DNA 的。以后 Wyatt 提供了 NPV 和 GV DNA 碱基组成的有关信息资料。电镜技术、生物化学及生物物理研究证明，杆状病毒基因组由大的环状 DNA 构成[57-59]。20 世纪 70 年代杆状病毒基因组的限制性内切酶分析成为鉴定杆状病毒基因组强有力的工具。限制性内切酶的应用，不仅能估算 DNA 的大小，评价基因组的异质性，鉴别不同的杆状病毒毒株，而且通过产生不同片段，绘制物理图谱，建立基因文库，为遗传分析和测序提供纯净样品。现在随着各种生物学技术的应用及大规模测序技术的出现和完善，杆状病毒基因组结构和功能研究更加深入[60]。据不完全统计，目前已有 40 种杆状病毒的全基因组序列测定完成（表 1-1）。

表 1-1　完成全基因组测序的 40 株杆状病毒（来自 NCBI）

杆状病毒名称	Species	简称	Genbank
苜蓿银纹夜蛾核型多角体病毒	*Autographa californica* MNPV	AcMNPV	NC_ 001623
草地贪夜蛾核型多角体病毒	*Spodoptera frugiperda* MNPV	SfMNPV	NC_ 00901 I
	*Adoxophyes honmai*NPV	AdhoNPV	NC-04690
茶尺蠖核型多角体病毒	*Ecotropis obligue* NPV	EoNPV；	NC_ 008586
	Anticarsia gemmatalis	AgNPV	NC_ 008520
小菜蛾核型多角体病毒	*Plutella xylostella*MNPV	PxMNPV	NC_ 008349
黏虫核型多角体病毒	*Leucania separate* NPV	LsNPV	NC_ 008348
豆天蛾核型多角体病毒	*Clams bilineata* NPV	CbNPV	NC_ 008293
美国白蛾核型多角体病毒	*Hyphantria cunea* NPV	HycuNPV	NC_007767

（续表）

杆状病毒名称	Species	简称	Genbank
黄地老虎核型多角体病毒	*Agrotis segetum* NPV	AsNPV	NC 007921
镖纹夜蛾核型多角体病毒	*Chrysodeixis chalcites* NPV	ChchNPV	NC_ 007151
极色卷蛾核型多角体病毒	*Choristoneura fumiferana* NPV	ChfuNPV	005137
蓓带夜蛾核型多角体病毒	*Mamestra configurata* NPV	McNPV	NC_ 004117
多核衣壳核型多角体病毒	*Maruca vitrata*	MvMNPV	NC_ 008725
冷杉新松叶蜂核型多角体病毒	*Neodiprion abietis* NPV	NaNPV	NC−008252
柞蚕核型多角体病毒	*Antheraea pernyi* NP V	ApNPV	NC_008035
粉纹夜蛾单核衣壳核型多角体病毒	*Trichoplusia ni* SNPV	TnSNPV	NC_ 007383
松红头新松叶蜂核型多角体病毒	*Neodiprion lecontei*NPV	N1NPV	NC_−005906
松黄叶蜂核型多角体病毒	*Neodiprion sertifer* NPV	NsNPV	NC_005905
家蚕核型多角体病毒	*Bombyx mori* NPV	BmNPV	NC_001962
极色卷蛾核型多角体病毒	*Choristoneura fumiferana* MNPV	ChfuMNPV	NC_ 004778
黑须库蚊核型多角体病毒	*Culex nigripalpus* NPV	CuniNPV	NC 003084
苹淡褐卷蛾核型多角体病毒	*Epiphyas postvittana* NPV	EppoNPV	NC_ 003083
棉铃虫单核衣壳核型多角体病毒	*Helicoverpa armigera* SNPV	HaSNPV	NC_ 002654
美洲棉铃虫单核衣壳核型多角体病毒	*Helicoverpazea* SNPV	HzSNPV	NC_ 003349
舞毒蛾核型多角体病毒	*Lymantria dispar* MNPV	LdMNPV	NC_ 001973
黄杉毒蛾核型多角体病毒	*Orgyiapseudotsugata* MNPV	OpMNPV	NC_01875
	*Rachiplusia ou*NPV	RaouNPV	NC_ 004323
甜菜夜蛾核型多角体病毒	*Spodoptera exigua* MNPV	SeMNPV	NC_002169
斜纹夜蛾核型多角体病毒	*Spodoptera litura* NPV	SpliNPV	NC_ 003102
苹果蠹蛾颗粒体病毒	*Cydia pomonella*GV	CpGV	NC_002816
西枞色卷蛾颗粒体病毒	*Choristoneura occidentalis* GV	ChocGV	NC_008168

（续表）

杆状病毒名称	Species	简称	Genbank
黄地老虎颗粒体病毒	*Agrotis segetum* GV	AgseGV	NC_05839
苹果异形小卷蛾颗粒体病毒	*Cryptophlebia leucotreta* GV	C1GV	NC_05068
棉褐带卷蛾	*Adoxophyes orana* GV	AoGV	NC_05038
	Phthorimaea operculella GV	PhopGV	NC_004062
小菜蛾颗粒体病毒	*Plutella xylostella* GV	PxGV	NC_ 002593
八字地老虎颗粒体病毒	*Xestia c−nigram* GV	XcGV	NC_ 002331

2. 基因组的特征

通过对杆状病毒基因组的研究发现，杆状病毒基因组具有以下特征。

（1）杆状病毒基因组为双链环状 DNA 分子，大小变化在 90~160kb，基因排列紧凑，但很少有重叠。

（2）功能相关的基因在基因组中散在分布，没有成簇现象。

（3）除了 CpGV 以外，整个基因组范围内分布有数目不等的同源重复区（hr）。

（4）存在许多重复基因，如 bro、ctl、enhancin 等。

3. 基因组基因及其功能

杆状病毒基因组包括 100 个以上基因，根据序列的同源性分析可将这些基因大致分为保守基因、部分保守基因和特有基因。保守基因决定了杆状病毒的基本特性，是病毒正常侵染和增殖所必需的，也是分类的一个重要依据，杆状病毒的保守基因共 29 个。特有基因是某一病毒或某几种病毒特有的，与寄主存在相关性。介于两者之间的为部分保守基因。

杆状病毒基因组中的基因表达有严格的时序性，表达产物间有级联效应。根据编码杆状病毒蛋白的基因的表达时间与基因组 DNA 复制时间的关系，杆状病毒的基因可分为早期基因和晚期基因。早期基因是在病毒 DNA 复制之前表达的基因，如解螺旋酶（helicase）基因和 DNA 多聚酶（polymerase）基因，抗细胞凋亡基因如 P35 基因，调节基因 IEL、LEFL、LEFT 等。晚期基因是与 DNA 复制同时或在 DNA 复制以后转录的基因，如结构蛋白基因 VP39、P6.9、多角体蛋白（polh）基因和 P10 基因。在这些基因中，编码病毒结构蛋白的基因有 VP39、P6.9、VP80、P24、ORF8、GP64、

PDV-E66、P25 和 GP41 等。编码 DNA 复制的反式作用因子的基因有 HEL、DNAPOL、IE-1、I E-2、1 EF-1、1 EF-2、1 EF-3、1 EF-7、P35 和 PE38 等。参与晚期基因表达的基因有 P74，P39，1 EF4，1 EF5，1 EF6，1 EF8，1 EF9，1 EF10，1 EF11，而 EGT，P35，IAP，CHIT 和 -CATH 等基因所编码的蛋白质，则以各种不同的方式作用于寄主细胞或虫体，使寄主体内和细胞内环境保持有利于病毒增殖的状态。

4. 基因组的重要意义

杆状病毒的基因组中存在重要信息。为了挖掘这些信息，一些新的交叉学科和技术手段迅速发展起来。其中杆状病毒比较基因组学是一种研究杆状病毒基因组的新兴学科。它通过对不同杆状病毒基因组的数据进行比较和分析，从而揭示许多重要问题。首先，寻找在不同病毒基因组中均保守的基因，这些基因维持着病毒的侵染、增殖和传播等过程；其次，可发现新基因，这些基因只在一种病毒中出现，是和病毒的特异寄主相互适应过程中选择下来的，与寄主特异性直接相关；再次，可研究基因的组成与分子进化。基因在不同基因组中出现丢失、获得以及基因的重复频率，从某种程度上反映了杆状病毒之间的进化关系；最后，可比较基因组的基因组成并结合以往关于基因功能的研究和生物信息学方法，建立一些病毒入侵、复制等生理过程的基础模型。目前人们已应用杆状病毒比较基因组学对杆状病毒的基因组进行了特性比较，发现了一些重要信息。随着基因组序列数据的大量增加，杆状病毒比较基因组学的应用前景十分广阔。

（五）杆状病毒基因组的异质性

杆状病毒基因组大小在 90~160kb。杆状病毒基因组大小的这种宽范围变化幅度说明有的病毒可能缺少其他病毒存在的一些基因。由于杆状病毒棒状的核衣壳结构，它使杆状病毒能够容纳和承受这种自然段基因组含量的波动，这种遗传含量的变化，表明杆状病毒基因组存在基因异质性（genetic heterogeneity）。杆状病毒分子遗传学研究主要是利用在培养细胞中增殖的空斑纯化分离株进行的。杆状病毒野外分离株通常显示相当大的遗传异质性。在自然界中，这种异质性的主要表现就是杆状病毒基因型的多态性。

自然界中普遍存在病毒多基因型混合感染现象[61-64]。昆虫杆状病毒也是如此，存在着丰富的表型和基因型多态性。进行杆状病毒多态性的深入研究对其充分、合理利用有重要指导意义。

杆状病毒的多态性表现有以下不同情况。

1. 杆状病毒的野外分离株的多态性

AcMNPV 及相关株的限制性内切酶分析揭示存在 DNA 序列异质性[65,66] 其他杆状病毒分离株，如草地贪夜蛾 NPV（*Spodoptera frugiperda* MNPV）和美洲棉铃虫 NPV（*Heliothis zea* SNPV）情况也是如此。不同地区分离出来的同种昆虫病毒往往在致病力[67-69]和作用速度上存在很大差异。

2. 杆状病毒在培养细胞中连续传代时的多态性

研究表明，AcNPV、舞毒蛾 *L. dispar* MNPV（LdNPV）[70]、黄杉毒蛾 *Orgyia pseudotsugata* MNPV（OpMNPV）[17]，MbNPV 和 HaSNPV[71,72]等多种 NPV 在离体细胞中连续传代时的变化，发现病毒中均出现多角体稀少（few polyhedra，FP）突变株，并且在连续传递几代后就以 FP 为主，同时病毒的毒力明显下降。

3. 杆状病毒在寄主中连续传代时的多态性

病毒在原寄主或替代寄主连续传代时，病毒毒力发生明显变化。在活体寄主的研究中，已发现苜蓿银纹夜蛾 *Autographa californica* NPV（AcNPV）、棉铃虫 *Helicoverpa armigera* NPV（HaNPV）、粉纹夜蛾 *Trichoplusia ni* NPV（TnNPV）、剌金翅夜蛾 *Rachiplusia ou* NPV（RoNPV）等在替代寄主甜菜夜蛾或斜纹夜蛾幼虫中连续传代后，对替代寄主的毒力均有增加，有的毒力提高达 15 倍，而对原寄主的毒力则下降[73]。另外还发现 AcNPV 在小菜蛾中连续传递 20 代后，对小菜蛾的毒力提高 15 倍。

昆虫病毒广泛存在多态性，关于病毒为何存在如此丰富的多态性，虽然有多种解释，但大都只是设想和推测，尚缺乏系统研究，而这方面的证据是合理利用病毒多态性的基础。

（六）杆状病毒持续传播

杆状病毒对种群的持续控制作用，是通过垂直传播实现。垂直传播是指病毒由亲代传给子代的过程，卵表传播和卵内传播是病毒经母体介导垂直传播的两种特定方式。卵内传播中，病毒在雌成虫体内通过感染卵巢或相关生殖结构而进入卵内；卵表传播中，病毒污染卵外表面并经宿主幼虫在孵化时食掉卵壳而感染。

在宿主种群中，任何疾病的流行关键在于病毒的传播能力。传播的途径和方式是影响疾病扩散的主要因子。在自然界中，杆状病毒的传播包括从感染的个体传播到健康个体的水平传播和从感染的亲代传播到子代的垂直传播。病毒的传播与环境条件也有密切关系，如密度过高、饥饿、环境急剧变化等，病毒会开始复制，造成病变。昆虫核型多角体病毒能够通过卵实现病毒的垂直传递，从而影响到子代种群，这一观点已被试验证实并被国内外专家和学者接受[74-80]。在实验室内，在 *Mythimra*、*Pseudoplusia*、*Spodoptera*、*Lymantria* 和 *Trichoplusia* 等属的几个种中，当幼虫接触病毒后，因垂直传播导致的死亡率从 0.5%~57.1% 不等；在田间，未经过表面消毒的卵块产生的幼虫死亡率从 2%~80% 不等，而经过表面消毒的仅为 0.1%~9%，因而认为卵表传播可能占垂直传播的主导地位[81-86]。翅目也能被病毒污染。在土壤中，农业耕作能传播 NPV。鸟类和家畜对病毒的散布也有一定作用。垂直传播可能已经进化成 NPV 远距离传播的主要途径。

一般来说，病毒会进化到毒性较低的状态，在宿主因病毒病死亡之前无法增殖足够的子代病毒、最终导致病毒种群的灭绝；除非病毒的传播能力很强，并且在环境中残留时间很长。对于昆虫生活史来说，病毒传播的生态学效应比水平传播更重要。垂直传播可以被认为是病毒与宿主昆虫共同进化的一个产物。多数 NPV 进化到毒性强弱和复制、传播能力高低的一种平衡状态。可以认为垂直传播是病毒选择的一个保持这种平衡的机制：毒性较低，在宿主群体中维持一定但不是很高的死亡率，在宿主的世代中长期存留。当然这也是宿主昆虫进化的方向，可以看作为了维持群体数量而向病毒作出的妥协。

到目前为止，杆状病毒的垂直传播研究主要集中在菜尺蛾 *Phytometra nigrisigna*、粉纹夜蛾 *Trichoplusia ni*、棉铃虫 *H. armigera*、黏虫 *Mythimna separata*、海灰翅夜蛾 *Spodoplera littoralis*、大豆夜蛾 *Pseudoplusia includens*、舞毒蛾 *Lymantria dispar*、黄条黏虫 *S. ornithogalli*、草地贪夜蛾 *S. frugiperda* 和甘蓝夜蛾 *Mamestra brassicae* 等。这些研究报道的垂直传播途径主要是卵内传播和卵表传播。国内有关杆状病毒垂直传播的研究报道较少，刘祖强等[87]著述了重组棉铃虫核型多角体病毒的卵内垂直传播，苏志坚等[79]著述了斜纹夜蛾 *Spodoptera litura* NPV 卵表传播中的病毒检测技术，是否还有其他途径，未见报道。

四、核型多角体病毒的组织病理和生理生化

（一）核型多角体病毒感染的靶组织

杆状病毒对昆虫的侵袭部位依不同的寄主而不同，鳞翅目幼虫的敏感组织是脂肪体、血细胞、真皮、气管基质、丝腺体和马氏管上皮等，有时病毒也侵袭肌肉、生殖系统和神经系统上皮鞘等组织。膜翅目寄生蜂的敏感组织则局限于中肠上皮。而在双翅目昆虫中，有的只有血细胞被感染。

（二）不同组织的病变情况

1. 中肠病变

中肠是经口感染病毒入侵虫体的第一道防线，病毒可以在中肠细胞中复制，并释放 BV，但一般并不能形成多角体[32,88]。一些幼虫在受 NPV 感染严重时，可在中肠中看到形成的多角体，如蓖麻蚕、茶毒蛾等。茶毒蛾 NPV 还能感染中肠外壁肌衣，并形成多角体，但上述细胞核内形成的多角体较小，数量也不多。感染膜翅目的叶蜂等昆虫的 NPV 一般仅在幼虫的中肠中细胞核内复制，且形成大量多角体，使中肠壁增厚，变乳白色，中肠杯状细胞和柱状细胞大部分变肥厚且绷坏，但新再生小细胞则无明显变化。

2. 血淋巴和血细胞病变

被感染的血细胞在形态上会发生异常变化，如出现伪足、凹陷、球面或面纱形等。常见的一种现象是大小变形，细胞及吞噬细胞出现瘤状。

3. 脂肪体的病变

脂肪体是对 NPV 最敏感的组织之一，鳞翅目中大多数的脂肪体都能被 NPV 侵袭。一般被感染的脂肪体细胞，其细胞核随感染病程的发展而膨胀，并较早形成多角体和受到破坏，但核膜通常保持完整至感染过程的最后阶段。据对大蓑蛾幼虫的观察，NPV 对脂肪体的侵染是不均匀的，同一虫体的脂肪体，有一部分严重感染，而另一部分可以完整无缺，亦无明显病变[89]。

4. 体壁的病变

NPV 感染表皮细胞后，同样显示胞核胀大、充满多角体至核破裂的过程，皮细胞层的崩解，失去对表皮层的分泌和更新作用，常导致皮肤变得单薄和脆弱，一触即破。由于表皮组织坏死，有时出现各种颜色的病症。而叶蜂以及一些鳞翅目的昆虫，真皮细胞根本不被感染，或者感染程度较轻，所以直到感病幼虫死亡，皮肤仍坚韧完好[89,90]。有些种类的幼虫被感染后，由于病毒的寄生而引起真皮细胞的增生，如美国白蛾感病后期表皮出现假肿瘤现象，就是由细胞增生和组织坏死而引起的[91]。

5. 气管病变

除中肠外，气管基质是首先被感染的组织，Adams 等[92]通过对 AcMNPV 入侵过程的研究，认为与敏感组织如脂肪体、真皮、马氏管、丝腺以及生殖系统和神经系统的上皮鞘有联系的气管细胞，是病毒粒子由中肠进入并传遍全身血腔的必经之路，因此成为首批第二次感染的边缘细胞。茶尺蠖幼虫感染 NPV 后期，取病虫体壁组织的一部分，经脱水和喷涂处理后，在扫描电子显微镜下，可以观察到位于体壁下的气管基质上皮细胞已经解体，露出弛解松散出来的螺旋纤丝状气管肋丝，而多角体充满表皮和气管肋丝之间，气门筛板上也有多角体存在。由气管释放的多角体，可以通过气门筛板向外逸出[93]。

6. 马氏管和丝腺体病变

在很多昆虫的马氏管管壁细胞中，都没有发现 NPV 感染和形成多角体。但研究发现，幕谷蛾 NPV[94]、棉铃虫 NPV[95] 和沙枣尺蠖 NPV 可以感染马氏管管壁并在核内形成多角体。苜蓿银纹夜蛾 NPV 未见感染寄主的马氏管[96]。一般情况下，马氏管虽然被病毒侵袭，但其形态没有发生很大的变化，覆盖在基底膜上的大型细胞层，可以保持其形态完整。NPV 感染家蚕时，在中段丝腺的皮膜细胞核中可以看到大量多角体，并导致丝蛋白的合成活动下降，而多角体蛋白的合成旺盛。

7. 生殖系统病变

研究发现，在美洲苜蓿粉蝶、柞蚕、舞毒蛾、棉铃虫和美国白蛾等昆虫中 NPV 可以通过卵的表面传递到下一代[97]。通过荧光抗体和电子显微镜，观察到 NPV 可以在家蚕生殖系统增殖[98]。苜蓿银纹夜蛾幼虫被 NPV 感染后，在被感染的睾丸外周细胞核中发现多角体[96]。斑条夜蛾、斜纹夜蛾幼虫的生殖系统组织都曾观测到多角体的存在[99]。

8. 神经组织和肌肉组织病变

一些鳞翅目昆虫的神经组织或肌肉会受到 NPV 感染，在罹病的斑条夜蛾幼虫神经节鞘及其周围结缔组织、神经索、脑和生殖器官中观察到多角体，但并不常见[99]。苜蓿银纹夜蛾 NPV 感染幼虫后，神经节和肌肉能被感染[96]，幕谷蛾幼虫的腹神经索的神经节和肌肉的细胞核因被 NPV 感染而发现多角体。但关于这方面的报道并不多。

9. 昆虫变态时期的组织病变

昆虫变态时，一系列的组织和细胞重新改组，代替成虫芽物质的新细胞，是在组织被分解的过程中所形成的，成虫芽的细胞物质在生长和分化过程中不能观察到各种病毒感染特征的特殊变化。在叶蜂类，只有在中肠再生组织过程中完全终止的时候，才表现出引起肠型 NPV 的感受性。昆虫在成虫阶段，具有相同起源胚层的细胞和病毒保持着亲和力，幼虫和成虫的中肠部位的上皮细胞病理变化，具有共同的性状，这是因为他们都是由相同的胚层发展而来的。

（三）杆状病毒的生活史

在自然条件下，多角体被昆虫摄食后进入中肠，在中肠的碱性环境和碱性蛋白酶的作用下，多角体溶解而将病毒核衣壳（ODV）释放出来，病毒粒子通过围食膜后再侵入中肠上皮细胞。ODV 的囊膜与成熟及分生的中肠柱状上皮细胞微绒膜周围的质膜融合而进入细胞[31,35]。病毒进入中肠细胞，称为原发感染。随后的感染，称为继发感染。病毒粒子经过中肠后首先感染血淋巴、气管和脂肪体，并引起病变，然后通过复制生成大量的 BV 对其邻近组织的进一步感染，使感染部位得以进一步扩大到神经、肌肉、围心细胞、可再生组织及腺体，引发幼虫的继发感染。在感染后期 BV 在单个细胞内的产生减少，病毒主要以 ODV 的形式在细胞内累积，被感染的细胞核膨大，引起寄主幼虫动作迟钝、食欲减退或停止取食，虫体肿胀，表皮具光泽，最终由于病毒蛋白酶的产生，造成细胞核和细胞的裂解，血淋巴变得浑浊，导致昆虫死亡。幼虫死后表皮变得很脆弱，轻触即破，流出脓状体液。被感染后的幼虫，一般爬上寄主所在植株的顶端，其腹足附着植物枝叶，倒悬而死。昆虫死亡之后由于病毒编码的几丁质酶和组织蛋白酶的进一步的作用，使昆虫的几丁质上皮解体，虫体液化，大量的多角体释放进入环境中。

（四）NPV 对寄主组织的病理和超微结构影响

郑桂玲等[100]对八字地老虎核型多角体病毒的组织病理进行了研究，XcNNPV 多角体能够在八字地老虎幼虫的脂肪体细胞、真皮细胞、气管基质细胞睾丸被膜细胞和血细胞内增殖，多角体充满细胞核。细胞核膨大乃至胀破，细胞排列不规则，从气管基质细胞和血细胞中散逸出部分病毒多角体。而在马氏管、丝腺、腹神经索、消化管（前肠、中肠、后肠）和肌肉组织切片中均未见到有多角体的增殖。可见，八字地老虎幼虫的体壁、气管脂肪体、睾丸和血液为 XcNNPV 作用的敏感组织。

邓塔等对烟青虫感染 NPV 后进行了电镜的观察。结果表明，在所有中肠细胞中未观察到多角体的形成。感染病毒后 48h，在中肠细胞间质内发现少数游离病毒粒子，其一端均带有帽状膜结构，即所谓"膜粒"（peplomers）；同样，96h、120h 后，在一些中肠细胞间质内也发现了大量的带"膜粒"游离病毒粒子；在染病中后期（96h）体腔内组织间隙亦发现大量的游离病毒粒子，即所谓的未被包涵体包埋的病毒（NOV），亦具有明显的"膜粒"结构。一般认为，认为这种形式的病毒是主要的二次感染和连续感染来源[33,42,92]。气管上皮细胞染病情况与脂肪体细胞基本相似。染病后 48h，已可见在细胞核内出现明显病毒发生基质及大量增殖的病毒粒子；在细胞质内也可见游离病毒粒子。染病后 120h，病毒增殖基本完成。多角体已完全包埋成形，充满细胞核内；在细胞间质内还可见到大量的带膜粒的 NPV。这一现象在脂肪体组织中还未发现。从上述结果来看，烟青虫气管上皮细胞在 NPV 感染虫体组织中也可能起着很重要的扩大再感染的作用。同时还可观察到在周围细胞都已严重被感染时，仍有极少数细胞未被病毒侵染的情况，表明其染病往往是很不同步的。

（五）杆状病毒对寄主生理生化的影响

病毒与寄主相互作用的一个重要方面，首先体现在物质代谢的性质与水平上。邓塔等[101]研究了 5 龄初烟青虫感染 NPV 后血淋巴蛋白的变化，结果表明，同期染病的幼虫血淋巴蛋白浓度在感染病毒后 24h 要明显高于同期的健康幼虫，第 48h 与健康幼虫略相仿，第 72h 后血淋巴蛋白浓度就开始急剧下降了。揭示出 NPV 感染烟青虫后在初期可能对虫体的脂肪体代谢产生刺激作用。Johnson 等对粉纹夜蛾感染 NPV 后其脂肪体代谢做了研究，指出染病后第一天脂肪体细胞结合蛋白和释放蛋白。从脂肪体电镜观察结果来看，染病 24~120h，脂肪体的染病情况日渐严重，染病细胞日渐增多，至染病后第 72h 就已大量包埋多角体，染病细胞比例也几乎达到了 100%[102]。此时的血淋巴蛋白的急剧下降及呼吸率的下降，正可以说是由于病毒在虫体内大规模复制包埋所导致的对虫体本身代谢的破坏，尤其是脂肪体细胞代谢功能的破坏的结果。

BmNPV 感染的组织细胞内，蛋白质合成的活性随着 NPB 的增长而增强[103]。用 ^{14}C 标记氨基酸，发现 BmNPV 感染中期进入血淋巴蛋白的速度显著降低，发生血淋巴蛋白不足现象[104]。家蚕幼虫的脂肪体是血淋巴蛋白的合成中心，而且是 BmNPV 最敏感的组织之一，血淋巴蛋白质的不足是病毒损害脂肪体，致使血淋巴蛋白质的合成受到抑制的结果。病毒感染后体液内的蛋白质种类和含量发生了显著变化。Watanabe 等[91]采用电泳技术，发现随着 BmNPV 的增殖，体液内血清蛋白的含量自发病初期就开始明显减少，而且球蛋白几乎消失。此外，BmNPV 感染后，丝蛋白的合成速度显著降低，而多角体蛋白的合成则随着疾病的发展变得越来越活跃[105]。

与哺乳动物的血液相同，昆虫血淋巴由血细胞（haemocytes）、血浆（血淋巴）组成。除了糖和脂类，蛋白质是昆虫血浆中的主要组成物。一般而言，蛋白质在身体脂肪中合成并释放入血淋巴。昆虫血淋巴是昆虫循环系统的主要组成成分，其蛋白质的变化是昆虫新陈代谢的一个指标。而昆虫的脂肪体是血淋巴蛋白合成和分解的中心[106]，又是核型多角体病毒感染时虫体最敏感的复制场所[95,99]。结合从昆虫染病后血淋巴蛋白组分和类型的变化和核型多角体病毒在脂肪体及其他组织中的侵染复制，可以比较深刻地了解虫体染病后新陈代谢的变化以及它们之间的一定关系。

五、苏云金杆菌的研究进展

（一）苏云金杆菌的生物学特性

苏云金芽孢杆菌（Bacillus thuringiensis，简称 Bt）是一种在自然界广泛分布的好气芽孢杆菌，革兰氏染色阳性，在芽孢形成期间能产生伴孢晶体。学名为苏云金芽孢杆菌，属芽孢杆菌科，芽孢杆菌属。本类病原 1911 年 Berliner 从 德 国 苏 云 金（Thuringen）的 地 中 海 粉 斑 螟（Anagasta kuehniella）患病幼虫中分离，1915 年 Berline 再次发现并定名，1938 年在法国首次成为商品[107]。Bt 的实用性就认知始于 20 世纪 70 年代高效菌株 HD-1 的发现，特别是 1992 年联合国在巴西召开的"世界环境和发展大会"，既促进了全球生物防治的发展，同时又推进了 Bt 制剂产业化的进程。自商品化以来，Bt 产品就以其高效安全、对目标害虫的特异性而备受青睐，并逐渐成为研究最深入、应用最广泛的生物杀虫剂[108]。

苏云金杆菌营养体细胞为杆状、两端钝圆，外壁肽聚糖含量丰富，大小为（1.2~1.8）μm×（3.0~5.0）μm，周生鞭毛或无鞭毛，营养体多个相连成长链状。孢子囊膨大或不膨大，比营养体粗壮，在孢子囊内除芽孢外，在另一端还有伴孢晶体，孢子囊在后期破裂，释放出游离的伴孢晶体和芽孢。芽孢亦称孢子，卵圆形，有光泽，大小为（0.8~0.9）μm×2μm，芽孢是休眠阶段，对高温、干燥等恶劣环境条件有较强的抵抗能力；伴孢晶体简称晶体，形状因亚种不同而异，多为菱形、方形，但也有呈立方体、球形、不规则形。

世界各地陆续分离到苏云金杆菌的新亚种。1996 年，喻子牛等[109]应用血清学技术对苏云金杆菌分类，发表了分属于 45 个血清型的 64 个亚种。目前，全世界已发表和定名并得到公认的血清型为 23 个，亚种为 48 个。近年来，许多学者对 ICP 蛋白结构及其基因增强其杀虫活力、尤其是对 ICP 致病机理进行了深入的研究[26,110-117,193]。

（二）苏云金芽孢杆菌的致病机理

Bt 对于害虫的毒杀效果来源于其在生长过程中产生的毒素，其毒素成分是多种多样的，不同亚种菌株产生的毒素种类和性质亦不相同，表现出不同的杀虫活性。目前已知的 Bt 杀虫毒素包括 δ-内毒素、α-内毒素、β-外毒素、γ-外毒素、Vip（Vegetative insecticidal protein）和 ZWA（Zwittermicin A）[118]。其中，δ-内毒素、杀虫晶体蛋白（Insecticidal Crystal Proteins, ICPs）是 Bt 杀虫的主要毒素成分，也是其毒效的主要来源[119,120]。Cry 晶体由原毒素组成，大多数鳞翅目昆虫食入后，中肠的碱性环境使原毒素溶解。苏云金杆菌对昆虫的致病毒杀作用，是通过其产生的毒素和芽孢而产生的。一般是 δ-内毒素起作用使昆虫中肠上皮经晶体毒素的作用，肠壁破损，中肠的碱性高渗内含物进入血腔，血淋巴 pH 值升高从而导致感病幼虫麻痹死亡。δ-内毒素对虫体作用的第一位点是中肠。毒素对中肠的作用是高度特异的，δ-内毒素引起的菜青虫中肠上皮组织病理变化，在光学显微镜下，幼虫食入晶体蛋白后，上皮细胞质内出现很大的空泡，随后空泡进一步扩大，中肠上皮细胞全面解体。Bt 毒素作用机制是 Bt 的伴胞晶体在昆虫中肠液中首先释放出 130~140kDa 的蛋白质，其被中肠蛋白酶进一步分解为 55~70kDa 的片段，这种被活化的片段可能扦入中肠柱状细胞刷状边的细胞膜，形成某种孔道，引起正常 K^+、Na^+ 和 pH 值梯度的破坏。

（三）感染 Bt 的组织病理研究

1959 年，Heimpel 等最先报道了 Bt 引起家蚕幼虫中肠的组织病理变化过程。Fast 等[121]发现，家蚕幼虫在取食 Bt 后 10~20min，肠壁细胞代谢受到破坏，但肠壁细胞的形态尚未发生明显的病变。1980 年，Endo 等发现，Bt 能导致家蚕中肠杯状细胞的胞腔显著扩大，然而，Gill 等在家蚕摄食毒素后 5min 没有观察到杯状细胞受到任何的损坏。

Percy 等[110]观察到 Bt 中毒的家蚕粗面内质网端池增大，核糖体脱落。Gill 等应用电镜对家蚕 Bt 中毒的中肠综合病理变化进行了详细地观察和研究，结果发现，Bt 感染导致中肠柱状细胞基部内转消失，顶部微绒毛膨胀，内质网膜囊泡化，核糖体消失，线粒体膨胀，细胞核膨大，随后细胞核、细胞器以及质膜破坏，最后细胞内容物释放进肠腔，同时细胞脱落；其他病变包括核孔的数目与大小增长，细胞相互分离并脱离基底膜。同时，他还发现家蚕摄食 ICP 后 1min 即引起中肠柱状细胞的细胞质应答。首先观察到柱状细胞中部到顶部被损坏，微绒毛内的微纤丝核心消失；5min 后，柱状细胞出现严重的结构损坏；随着时间的推移，出现鳞茎状的膜外翻，微绒毛从细胞顶部消失；圆筒形细胞边缘不整，内部出现空泡，杯形细胞的核偏于一侧。此外，ICP 中某些特异性的酶，能使中常上皮细胞之间的透明质酸溶解，导致细胞彼此之间松弛分开，甚至与基底膜脱离，向肠腔突出、脱落。

王志英[122]对落叶松毛虫幼虫取食苏云金杆菌进行了研究，发现取食Bt后6h左右开始停食，活动迟缓，大约15h后出现明显的外部病征，部分幼虫体色变深，有典型的"体壁变软"症状，表现为严重失水，表皮皱褶，也有部分幼虫下痢，并有少数开始死亡。死亡之后虫体逐渐变黑，组织完全解体，体液内含有大量菌体。正常的落叶松毛虫幼虫中肠上皮细胞排列整齐细密。摄食Bt后的幼虫，在20℃左右条件下，2h中肠上皮细胞顶端开始膨大，感染7h，细胞质开始出现空洞，感染42h后，中肠上皮细胞完全从基底膜上脱落。电镜观察表明，苏云金杆菌对细胞的影响主要是在微绒毛上，正常落叶松毛虫幼虫中肠上皮细胞的微绒毛丰富而整齐。在摄入苏云金杆菌30min后，落叶松毛虫幼虫中肠柱状细胞上的微绒毛即明显变粗，顶端出现空泡，且部分溶解脱落，与对照相比，杯状细胞的杯腔内微绒毛紊乱、空泡化逐渐消失。这与李顺珍著述苏云金杆菌感染双翅目幼虫的组织病理和细胞病理时，证明病理变化仅局限于中肠不同，而对落叶松毛虫的病理研究说明，苏云金杆菌除感染落叶松毛虫幼虫的中肠外，在发病后期还感染其他许多组织。苏云金杆菌对落叶松毛虫幼虫的直接致死原因不像家蚕那样死于代谢失调，而是死于伴孢晶体引起的中毒和菌体繁殖造成的败血症。

六、昆虫病原微生物混合感染的研究进展

近100多年来，国内外学者对昆虫单一病原微生物进行了大量富有卓效的研究，涉及分类、生物学特性、复制增殖、病理、检测以及分子生物学等很多方面[98]，对于昆虫病原微生物混合感染的研究也积累了不少资料。

（一）昆虫病毒的混合感染

关于家蚕病毒的混合感染的研究比较多。结果主要集中在病毒的相互增效和干扰作用。1953年Smith和Xeros[94]发现家蚕质型多角体病毒（Bombyx mori Cytoplasmic Polyhedrosis，BmCPV）和BmNPV可同时感染家蚕，并用这两种多角体具有不同的染色性证实了这种共存现象。石川、浅山则发现了病毒间的干扰现象。他们研究了樗蚕BmNPV与家蚕BmNPV同时感染家蚕的情况，发现同一细胞内只限于一种多角体的形成。王坤荣和Aruga等的研究发现，同时接种家蚕软化病病毒（Bombyx mori Flacherie Virus，BmFV）与BmCPV，二者在家蚕体内表现明显的增效作用；先感染BmCPV，再感染BmFV时，没有干扰现象发生；先接种BmFV，再接种BmCPV，则有干扰现象，但是发病率并未降低[98]。吴福泉等[123]研究了BmNPV与斜纹夜蛾核型多角体病毒（Spodoptera littoralis，SlNPV）对家蚕和斜纹夜蛾幼虫的混合侵

染试验，发现混合感染比寄主自身病毒单一感染的发病率高。说明 BmNPV 和 SINPV 在家蚕和斜纹夜蛾幼虫中亦具有增效作用。王厚伟等[124]发现 Ac-MNPV 对 BmNPV 在 5 龄家蚕体内的复制具有一定的干扰作用，特别是对 BmNPV 在家蚕细胞中的干扰作用非常明显，可以完全抑制 BmNPV 在家蚕细胞中的复制。

同一病毒的不同株系之间或活性病毒与经非活性处理的病毒之间也会出现一些干扰现象[125,126]。还有文献报道了多角体形状不同的质型多角体病毒（CPV）之间存在干扰现象[98]。阿部广明等[127]发现，无论同时接种，还是间期接种，DNV-Ⅰ和 DNV-Ⅱ在个体水平上和细胞水平上均存在干扰现象。

（二）昆虫病毒与其他微生物的混合感染

病毒与其他微生物的混合感染主要在应用方面。应用效果均增加了彼此的毒力，来提高杀虫效果。NPV 与 Bt 都是经口感染的昆虫病原微生物，中肠是两者作用的共同靶位[128]。经研究表明，Bt 与 NPV 混用具有明显的增效作用。芹菜夜蛾核型多角体病毒（Anagrapha falcifera MultiPle Nuclcopoly-hedrovirus，AfNPV）、苜蓿银纹夜蛾核型多角体病毒（Autographa californica Nucleopolyhedrovirus，AcMNPV）A 株等与 Bt 混合，能提高对寄主和非靶标寄主的防治效果[129-131]。

综上所述，生物防治上充分利用了其他昆虫病原微生物的混合感染来提高杀虫剂毒力，增强杀虫剂毒效，从而达到更好的防治效果。不同昆虫病毒混合感染能拓展寄主域，扩大杀虫剂杀虫谱，提高对害虫的致病率[132-134]；昆虫病毒与细菌混合感染可以优势互补，显著提高杀虫剂的毒力。不同菌种，甚至同一菌种的不同变种混合感染也可以提高毒力[135,136]。

目前，国内外对于多种病原微生物混合感染积累了大量的研究成果，关于鳞翅目昆虫 NPV 与 Bt 混用增效的研究报道也很多，但侧重于实际应用，缺乏系统的基础研究，尤其是关于其混用增效的生化、病理、分子的机理还处于推测阶段，还缺乏充足的实验数据佐证。因此深入探讨其作用机制，对微生物杀虫剂的理论研究和生产应用有重要的指导意义。

七、免疫组织化学在昆虫病毒研究中的应用

免疫组织化学（Immunhistochemistry）又称免疫细胞化学，是免疫酶技术的一种，其原理是以酶作为标记，与抗原或抗体结合，然后根据酶与其底物间所产生的不溶性带颜色的产物，借助于光学或电子显微镜观察，对细胞或亚细胞水平内的相应抗原进行定性、定位的检测。免疫组织化学技术的建立和发展大大充实了病理学的内容，使病理诊断更精确，提高到了形态与功能相结合的水平[137]。酶标记试剂制备简单、稳定、有效期长,敏感性较高,可直接肉眼观察也可借助于简单的仪器作定量测定,所得结果比较客观。

免疫组化方法敏感性和特异性强,不仅能用于新鲜和石蜡包埋的组织,还能用于电镜、细胞学涂片和已脱钙的组织。近年来免疫学方法不断完善发展,抗原的提纯、抗体制备技术的提高等使抗原抗体反应的敏感性、特异性有了较大的提高。

免疫组化中抗体的标记方法很多,主要有酶及胶体金属、荧光物质及放射性同位素等。其中用酶标记的主要有辣根过氧化物酶(horseradish peoxidase,HP or HRP)、碱性磷酸酶(alkaline phosphatase,AP),葡萄糖氧化酶(glucose oxidase,GO)等。应用最多最广泛的是辣根过氧化物酶和碱性磷酸酶,HRP 的显色剂为 3,3-二氨基联苯胺四盐酸盐(3,3-diaminobenzidine tetrahydrochloride,DAB),其反应后在组织细胞中形成稳定的棕黄或棕黑色沉淀。间接过氧化物酶法具有敏感性强,特异性好,检测快速,简单,结果能够长期保存,还能将抗原的分布与组织的病理学特征相结合等优点。

自 20 世纪 70 年代以来,一些具有双价或多价结合力的物质,如植物凝集素、生物素和葡萄球菌 A 蛋白(SPA)等被应用于免疫细胞组织化学技术,建立了如 ABC 法、LSAB 法、BRAB 法、SPA-HRP 法、凝集素法等。这些方法的共同特点是以一种物质对某种组织成分具有高度亲和力为基础。1976 年,Bayer 等首次称之为亲和组织化学。亲和组织化学引入免疫细胞化学后使其敏感性进一步提高,更有利于微量抗原(抗体)在细胞或亚细胞水平的定位。如采用 LSAB 技术,以生物素标记抗体做第二抗体、酶标亲和素作为第三抗体,一个抗体上可结合 150 多个生物素,故实验的灵敏度大为提高,从而保证了研究的准确性。

免疫组织化学技术在动物病毒病的检测方面有着非常广泛的应用,如在鼠痘病毒(CMPV)、流行性出血热病毒(EHFV)、大鼠巨细胞病毒(RCMV)、兔出血病毒(RHDV)、尺瘟热病毒(CDV)、犬传染性肝炎病毒(ICHV)、肾型鸡传染性支气管炎病毒(肾型 IBV)、猪生殖—呼吸道综合征病毒(PRRSV)、蛙虹彩病毒(RGV)等的检测及其在动物体内的定位上起到了非常重要的作用。

在昆虫病毒的研究中,标记基因和免疫组织化学等技术主要集中在对杆状病毒的致病机理上。随着免疫组化技术的改进,抗原制备的简化,灵敏性和特异性增强，将在昆虫病毒的检测应用中得到广泛应用。

八、白蛾核型多角体病毒的研究概况

美国白蛾（*H. cunea* Drury）属鳞翅目（Lepidoptera）灯蛾科（Arctiidae），是一种重要的国际性检疫害虫。原产于北美，广泛分布于 19°~55°N 一个较大的纬度范围内，随着人类活动、现代化交通运输工具的发展，逐渐向世界各地传播。自 1979 年在我国辽宁省的丹东首次发现以来，美国白蛾强大的繁殖力和适生性，在我国呈蔓延态势；已有 50 多种林木、果树及农作物受害，严重时，有的树木叶子全被吃光，全株枯死，大片林木被毁，给疫区的经济、环境造成了巨大损失和压力。

国内外的许多专家学者，结合美国白蛾疫区的实践经验提出了防治美国白蛾的方法。目前除采用人工采蛹、人工捕蛾、人工网捕及诱杀等人工物理方法以及使用仿生制剂等化学方法降低虫口密度外，较为注重和推崇的是生物防治方法。中国林业科学研究院杨忠岐等打破了传统从原产地引进天敌的模式，在国内筛选出寄生率高达 83.2% 的天敌周氏啮小蜂（*Chouioia cunea* Yang），在疫区对美国白蛾的自然控制起了关键性的作用，对美国白蛾天敌的研究取得了突破性的进展。同时开展利用其进行美国白蛾生物防治，现在室内繁殖的技术已很成功，并且取得了较好的防治效果[138-144]。随着美国白蛾生物防治技术的建立，作为生物杀虫剂的美国白蛾核型多角体病毒虫体繁殖技术也臻于成熟，其作为有效的生物防治手段在各地取得了良好的防治效果[51]，但是对于 HcNPV 的生物学特性及对寄主的致病性及机理等的基础应用研究，报道尚少，还有待于进一步深入。

（一）美国白蛾核型多角体病毒的致病性研究

有关 HcNPV 的致病性研究，主要集中在对寄主的毒力、传播、交叉感染等基础应用方面。

1979 年，Im D. J.、Hyun J. S.、Park W. H. 等[145]在韩国首次发现了美国白蛾核型多角体病毒（HcNPV），毒力测定表明，对 2 龄、5 龄幼虫的 LD_{50} 分别为 $8.377×10^4$ PIB/mL，$4.974×10^5$ PIB/mL；在 $1×10^6$ PIB/mL 浓度下，2 龄、3 龄、4 龄、5 龄的 LT_{50} 分别为 9.6d，11.5d，12d，17d，在野外条件下，用 $6.4×10^7$ PIB/mL 的病毒感染，3 龄时 LT_{50} 为 4.8d，5 龄时为 14.2d，而且第 1 代幼虫比第 2 代幼虫更为敏感，可见，随着龄期的增加，LD_{50} 增大，LT_{50} 延长。而同年，Boucias 在室内对美国白蛾质型多角体病毒（HcCPV）进行了研究，其结果提示，致死时间与幼虫龄期和病毒的剂量有关，美国白蛾幼虫的死亡率随病毒剂量的增加而增高[146]。1995 年对美国白蛾核型多角体病毒做了致病力测定，发现 2 龄、3 龄幼虫的死亡率远远高于 4 龄幼虫，在 $1.5×10 \sim 1.5×10^9$PIB/mL 时喂幼虫，死亡率在 90% 以上。对美国白蛾核型多角体病毒、斜纹夜蛾核型多角体病毒和从美国白蛾幼虫上分离出的两种颗粒体病毒感染美国白蛾幼虫，在 10^5PIB/mL 的剂量下，HcCPV 和 AcaNPV 病毒的死亡率分别是 62.5%~100%，70%~80.5%；颗粒体病毒在 $5×10^9$PIB/mL 剂量下，致病死亡 88.1%~90.0%[147]。

美国白蛾核型多角体病毒对其他鳞翅目幼虫作了交叉感染试验，发现红腹灯蛾（*Spilarctia subcarnea*）、桑灯蛾对 HcNPV 敏感性与原寄主接近；对桑鹃野螟（*Diaphania pyloalis*）、家蚕（*Bombyx mori*）、分月扇舟蛾（*Clostera anastomosis*）、盗毒蛾（*Porthesia similes*）、黄斜带毒蛾（*Numenes disparilis* Staudinger）、茶黄毒蛾（*Euproctis psendocon spersa* Strand）无致病力[148]。

在室内外用含 HcNPV 的病毒糊、病毒悬液、病毒粉与凡士林的混合物处理未产卵的白蛾成虫，结果表明，均可以对后代发挥作用，病毒糊处理的雌蛾产卵后，幼虫可以被 NPV 感染致病；而用病毒悬液、病毒粉与凡士林的混合物处理后，幼虫不感染病毒；而对雌蛾交尾、产卵行为无影响，但使卵的孵化率下降[149]。

不同细胞系对美国白蛾 NPV 的受纳性是不同的。1987 年，Lee H. H. 在斜纹夜蛾（*Spodoptera frugiperda*）细胞 TNM-FH-T 内成功复制出美国白蛾核型多角体病毒[150]。并在 1988 年对其做了温度敏感性试验，在 32℃ 的条件下，12 个突变种基本上都不能形成多角体。

我国也对应用病毒制剂防治美国白蛾进行了研究：刘岱岳等[151] 1985 年在陕西省用美国白蛾核型多角体病毒制剂 10^7PIB/mL 进行飞机常量低空喷雾防治美国白蛾。喷雾 10d 以后调查，地面定点调查防治效果 73.4%，树梢定点调查防治效果为 84.6%。

（二）美国白蛾病毒的分子生物学研究

近几十年来，病毒分子生物学得到了蓬勃发展，昆虫病毒研究也不例外，虽然 HcNPV 的分子生物学研究与其他 NPV 相比才刚刚起步，但也积累了一些研究成果。

1998 年，应用基因工程技术，将苏云金杆菌库尔斯塔克亚种的 HD-1 菌株中的杀虫蛋白基因（ICP），导入美国白蛾核型多角体病毒中，制成了复合病毒制剂，命名为 ICP-HcNPV 杀虫剂。试验证明，Bt 的杀虫基因通过复合病毒在昆虫细胞中以毒素蛋白的形式表达出来，表现出很高的杀虫活性[150]。

Hyung-Hoan Lee 等[152]用 BamHI 和 SmaI 两种限制性外切酶对 HcNPV 基因组作酶切分析，绘制了 HcNPV 基因组物理图。翌年，用质粒载体 pUC8 和 pBR322 克隆了部分基因组 EcoR I 酶切片段[153]。同年克隆和定位了多角体蛋白基因 Polyhedrin[154]。

贡成良等[155]研究报道美国白蛾（Hy-phantria cunea）核型多角体病毒（HcNPV）CP 基因的核苷酸序列及蛋白质的一级结构特征；翌年，测定了美国白蛾核型多角体病毒几丁质酶基因核苷酸序列[156]；2000 年通过对 HcNPV 半胱氨酸蛋白酶、几丁质酶基因失活分析研究提示：CP、ChiA 两基因为病毒复制非必需基因，它们的失活不影响病毒的复制与多角体的形成，但感染细胞的存活时间比 HcNPV、HcNPVPTTH+感染的多 2d。推测 CP、ChiA 两基因失活后，可延长细胞持续表达外源基因的时间[157]。

曹广力[158]对美国白蛾核型多角体病毒超氧化物歧化酶基因的序列分析和表达进行了研究，氨基酸序列分析表明，HcNPV SOD 蛋白中含有对 SOD 结构和活性必需的氨基酸残基，在 HcNPVsod 中均是保守的。翌年，对美国白蛾核型多角体病毒 p35 基因的克隆及序列分析后，推测 HcNPVp35 蛋白的功能及抑制细胞凋亡的能力与 BomoNPVT3p35 蛋白的相似[159]。

Ikda[160]等完成美国白蛾全基因组序列测定，HcNPV 基因组序列全长 132 959bp，G+C 含量 45.1%，有 148 个开放阅读框（ORFs），编码 50 多种多肽。基于系统学上的近缘关系以及拥有 group I NPVs 中的特有基因如 gp64，ie-2，ptp-1 等，推断 HcNPV 属于 group I NPVs，并且与 CfMNPV 或 OpMNPV 非常相似。随着 HcNPV 多角体病毒全基因组序列测序的完成，相关的分子生物学的研究将会快速向前推进。

从以上的研究可以看出，对美国白蛾核型多角体病毒的部分基因和功能、基因工程杀虫剂的合成都有新的进展，但是有关该病毒与寄主互作的生理生化、组织病理、超微结构、免疫检测等研究还比较少，有待于对其进行深入研究。目前大多数的试验都局限在室内，如将室内与大田应用结合起来，将对科研成果的推广起到良好的促进作用。

九、项目研究主要内容

（一）项目研究分析

在昆虫病毒的研究中，其运用的新技术新理论和研究方法远远滞后于动物科学的研究，因此，在对本研究的文献收集过程中，有关昆虫学的研究相对较少，在论文的设计和试验过程中，也借鉴别的有关学科。昆虫病毒的研究，对寄主的作用以及病毒与寄主互作后病毒本身的毒力和基因组的变化，一直以来是研究者感兴趣的问题，但对于美国白蛾核型多角体病毒的研究报道并不多见。由此，有许多的研究空白需要填补。鉴于美国白蛾是检疫性害虫，在饲养安全上是非常重要的，在实验过程中进行了严密地防控，以防其逃逸。为使实验有序进行，要按部就班地进行各步试验。

首先，进行病毒的持续控制研究，获得病毒持续控制的实验数据。还要采取试验材料，进行带毒材料的检测。其次，病毒传代后的毒力是否发生了变化，基因组是否变化也进行研究。自然界中的病毒多是几种分离株的混合，那么美国白蛾病毒不同分离株的研究，会提供更多的高毒力的病毒资源。最后，在生产实践中，几种病原微生物常常混用，但混用的效果怎样，致病机理如何？接着就要进行病原混合剂对寄主的致病性，寄主的组织病理，寄主的超微结构变化，免疫组化对病原在组织中的定位研究，还有病原侵染后，寄主血淋巴蛋白的变化，这就从生理生化角度揭示病原的作用机理。通过这样系统性研究病毒对寄主的持续作用效力，病毒传代后毒力及基因组的变化、病毒与 Bt 的混合作用及增效机理的研究，成为本研究的主要研究内容。这对病毒在种群中的传播、病毒与寄主互作的机理及其分子生物学研究有重要的理论和实践意义。

（二）项目研究目的

随着生物化学、分子生物学、电子显微镜等新技术在昆虫学中的应用，昆虫病毒学的研究也需要在更广阔的空间开展，为昆虫杀虫剂的深入研究提供理论依据，开拓新的研究途径。

由于昆虫病毒与寄主的互作中，寄主的病理反应、病毒的毒力和基因组的变化未见报道，以及病毒与其寄主在共生的过程中，病毒对寄主的持续作用效力，寄主超微结构变化趋势有待于探索。为此，本研究以杆状病毒及其与 Bt 混合剂为研究材料，感染寄主，以达到如下研究目标：第一，对病毒感染寄主后其后代的生长发育和繁殖力的变化，探讨病毒对寄主种群的控制作用。第二，利用电镜和分子生物学技术，研究传代病毒、病毒不同毒株的毒力、基因组、病毒粒子结构多肽的变化，揭示病毒在不同时空的毒力与遗传物质的关系，为构建基因工程病毒杀虫剂的研究奠定物质和理论基础。第三，研究病毒与 Bt 的混合剂对寄主的致病性，探讨混合剂的合理配比，为微生物杀虫剂的混用提供技术支撑和理论指导。第四，在组织细胞和细胞超微结构探讨病毒和 Bt 对寄主的致病历程，揭示病原的作用机制。第五，运用免疫组织化检测病毒在寄主组织中的分布，在组织细胞水平上定位病原，以阐明病毒对寄主的作用与组织病理和超微结构的一致性。第六，检测病毒对寄主血淋巴蛋白的影响，揭示病原对寄主生理生化的作用机制；运用 PCR 检测带毒寄主，以在分子角度揭示病毒在种群中的传播作用。

（三）项目研究内容

本研究针对病毒侵染寄主种群后，探讨病毒病的发生发展规律，通过对寄主感染病毒后，其子代的生物学特性的变化，分析病毒对寄主种群的持效作用；运用生物测定、分子生物学技术比较病毒传代后其毒力和基因组的变化，揭示毒力与基因组的相关性；对病毒侵染寄主的组织病理和电镜观察，在组织和细胞超微结构探讨病原的侵染历程和致病机理；利用免疫组化技术特异性地确定病原在寄主细胞中的分布与表达，从细胞化学水平上揭示病毒病的生理机制，丰富昆虫生理生化的研究方法；研究病毒对寄主血淋巴蛋白的影响，探讨病毒对寄主的生理生化作用机制，揭示病毒及与 Bt 对寄主的作用效力和机理，为病毒的生态控制策略及病毒与寄主的分子生物学研究奠定理论基础。

（1）病毒侵染寄主后，病毒对寄主的当代、子代的幼虫的致死率、蛹重、雌成虫的产卵量，卵的孵化率等的变化，探讨病毒在种群中的传播效力。

（2）病毒在寄主中连续传代后，以及病毒的不同分离株对寄主感染后，其毒力、基因组、病毒粒子的变化，病毒与寄主互作后毒力与基因组在时空上的变异。

（3）研究病毒与 Bt 混合后对寄主的致病性，分析病原的不同配比对寄主毒力的差异，揭示混合病原的互作机理。

（4）在病毒感染寄主的不同时间取样，进行病原侵染过程的细胞生物学研究，明确寄主的组织病理变化与超微结构变化特征，了解病原侵染的病症与病理的关系。

（5）对病毒进行免疫组织化学定位研究，揭示病毒与寄主的互作过程中，病毒在寄主组织细胞中的分布和侵染的不同时间变化，为病毒的应用和研究提供理论支撑。

（四）研究技术路线（图 1-3）

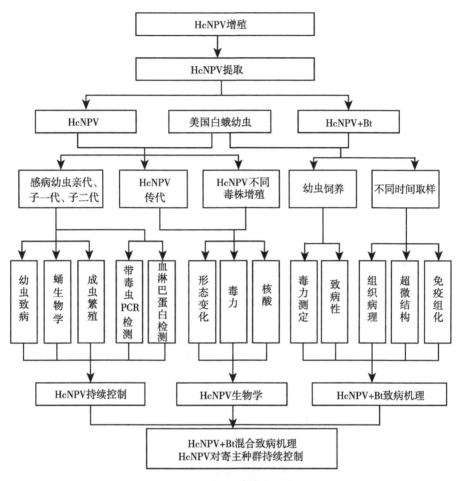

图 1-3 研究的技术路线

第二章　HcNPV-Bt 对美国白蛾的致病性

苏云金杆菌（*Bacillus thuringiensis*，Bt）和昆虫杆状病毒等是目前应用广泛的生物农药，但生物农药普遍存在田间防效不稳定、杀虫速度慢、杀虫谱窄等[161]不足。近年来研究发现，在室内和田间条件下多种害虫可对 Bt 制剂中的 Bt 内毒素产生较高的抗性[162]。此外，害虫对一种 Bt 杀虫晶体（*Bacillus thuringiensis* insecticidal crystal protein，BtICP）产生抗性后，还会对其他类型的 BtICP 以及转 Bt 基因植物产生交互抗性，严重威胁 Bt 的使用寿命。为了延缓这种抗性，人们采取的主要增效措施是 Bt 制剂轮换、混合使用，与化学农药并用，筛选和开发具有高毒力的新菌株，修饰蛋白基因以改善杀虫晶体蛋白的功能，优化组合 ICP，充分利用孢子及其他增效因子等。在 19 世纪末就已开始了利用昆虫病毒防治害虫的研究，用作杀虫剂的昆虫病毒主要有属于杆状病毒科的核型多角体病毒（Nuclear polyhedrosis virus，NPV）、颗粒体病毒（Granulosis virus，GV）等。迄今世界上已有多种昆虫杆状病毒虫剂注册、商品化生产，并用于农林害虫的防治。杆状病毒在实际应用中最突出的缺陷是杀虫速度比较缓慢、寄主单一，但与 Bt 不同的是，它不易产生抗性，因而有一定的应用前景。

在生产上为了提高杀虫速度，常将 HcNPV 与苏云金杆菌（Bt）混合使用，以克服 HcNPV 单独使用杀虫速度慢的问题，起到了良好的防治效果。因此，我们做了 HcNPV-Bt 混合感染寄主试验，探讨其增加速度及毒力的机理，为生物农药混合应用提供理论依据。

一、材料与方法

（一）材料

供试病毒：美国白蛾核型多角体病毒由中国林业科学研究院生态与环境保护研究所应用微生物研究室（以下简称应用微生物研究室）提供。

供试昆虫：室内人工饲料连续传代饲养的美国白蛾健康幼虫（由应用微生物研究室提供）。

（二）方法

1. 美国白蛾核型多角体病毒的增殖

取冰箱中保存的 HcNPV 病毒，用浓度 $2.0×10^7$ PIB/mL 的悬液浸湿饲料表面，晾干后饲喂饥饿 4h 的美国白蛾 4 龄初健康幼虫，待其吃完饲料后，再换新鲜饲料。饲养至 6~9d，收集具有典型病毒症状的病死虫尸，冰箱中冷冻保存。

2. 美国白蛾核型多角体病毒的提取、纯化

将感染后死亡的典型虫尸，加适量磷酸缓冲液以 1∶20 在研钵中充分磨碎；三层纱布过滤，去渣；滤液差速离心，先 600r/min 离心 5min，弃沉淀，取上清，3 000r/min 离心 30min，弃上清，将沉淀用 PBS 缓冲液悬浮，重复两次，得较为纯净的多角体。30%~60%（W/W）蔗糖梯度 3 000r/min 离心 30min，在 54%~56% 蔗糖梯度区形成多角体白色沉淀带，吸取多角体沉淀带转入干净离心管中。加入无菌水悬浮，3 000r/min 离心 30min，弃去上清。重复两次即得纯多角体，用蒸馏水悬浮，血球计数板计数后，4℃冷藏备用。

3. 试虫饲养

养虫用器具及培养箱全部用 10% 次氯酸钠消毒液浸泡擦洗消毒，养虫室用甲醛熏蒸消毒。然后把虫卵用 5% 次氯酸钠浸泡 5min，用无菌水冲洗 3 遍，放入装有饲料的养虫杯中，养虫室内温度保持在 26±1℃时，相对湿度 60%~70%。饲养过程中适时将虫粪挑出，养至 3~4 龄时选大小一致的虫备用。

4. 感染接毒

将美国白蛾核型多角体病毒用无菌水稀释成一定浓度，取 300μL 病毒稀释液均匀涂抹于养虫杯（Φ6.5cm×5.3cm）中人工饲料表面，待饲料表面阴干后分别接入美国白蛾适龄幼虫，每个养虫杯中接入试虫 20，重复 3 次。

苏云金杆菌菌液的制备：苏云金杆菌菌种（HD-1）活孢子数 100 亿/g。Bt 菌粉用分析天平准确称量后，置于有玻璃珠的三角瓶中，以灭菌水稀释成一定浓度配成原液，放 4℃冰箱备用。

病原混合感染：选取 3 龄中期幼虫，用浓度为 $1.6×10^4$ PIB/mL，$1.6×10^5$ PIB/mL，$1.6×10^6$ PIB/mL 的 HcNPV 与 Bt 浓度为 5mg/L，10mg/L，25mg/L 两两组合同时接种。同时设单病原接种对照与空白对照。接种后观察 8d，每天记录死亡情况，并镜检，确定每头虫是否含有 HcNPV、Bt 或同时含有 HcNPV 与 Bt。

HcNPV 复配剂及 HcNPV 的致死中浓度（LC_{50}）的测定：参照陈涛的方

法[118]测定药剂的致死中浓度。依据预备试验结果，将 HcNPV 配成 5 个浓度梯度，再把 Bt 分别加入这 5 个病毒液中，使复配剂中 HcNPV 的终浓度为 $1.6×10^4$ PIB/mL，$1.6×10^5$ PIB/mL，$1.6×10^6$ PIB/mL，$1.6×10^7$ PIB/mL，$1.6×10^8$ PIB/mL，Bt 的终浓度为 5mg/L。同法配制，使复配剂中 HcNPV 的终浓度同上，Bt 的终浓度分别为 10mg/L、25mg/L，共 15 个复配剂处理。用复配剂和 HcNPV 的 5 个系列浓度分别感染美国白蛾 3 龄中期幼虫。接毒方法同 "感染接毒"，待饲料吃尽后，正常饲料饲养。每个处理重复 3 次，同时设清水对照。饲毒后 24h 检查死亡数，连续观察 8d，统计死亡数，计算累计死亡率。用 SPASS 软件计算毒力回归方程、LC_{50} 等。

Bt 复配剂及 Bt 的致死中浓度（LC_{50}）的测定：参照预备试验结果，将 Bt 配成 5 个系列浓度梯度，再把 HcNPV 分别加入这 5 个稀释液中，使复配剂中 Bt 的终浓度为 2.5mg/L、5mg/L、10mg/L、25mg/L、50mg/L，HcNPV 的终浓度为 $1.6×10^5$ PIB/mL。同法配制，使复配剂 Bt 的终浓度同上，HcNPV 的终浓度分别为 $1.6×10^6$ PIB/mL、$1.6×10^7$ PIB/mL，共 15 个复配剂处理。用复配剂和 Bt 的 5 个系列浓度分别感染美国白蛾 3 龄中期幼虫。感染方法、调查方法和计算方法同上。

（1）共毒系数和增效倍数的计算。共毒系数和增效倍数的计算参照孙云沛[194]和谭福杰[195]等。

（2）速效作用。根据上述试验结果，将 3 种浓度的 Bt 分别和 3 种浓度的 HcNPV 两两复配，使复配剂中 Bt 的终浓为 5mg/L、10mg/L、25mg/L，HcNPV 的终浓度为 $1.6×10^5$ PIB/mL，$1.6×10^6$ PIB/mL，$1.6×10^7$ PIB/mL。感染方法、调查方法同上，用 SPASS 软件计算毒力回归方程、LT_{50} 等。

二、结果与分析

（一）HcNPV 和 Bt 混合感染病征

美国白蛾幼虫用混合感染，开始没有表现明显的外部特征。若 Bt 发病较重，则很快表现 Bt 的病症：食欲减退，呆滞少动，体色发暗变黑，躯体失水、缩小；若 HcNPV 发病较重，则表现核型多角体病的病症：体色发亮、肿胀，躯体发僵，有的在体节处出现环状肿瘤状突起，染病后期皮肤变薄易破，虫体液化。若 HcNPV 中度或高度发病，Bt 中度发病，试虫可表现一些综合的病症：发育受阻，体色发暗，躯体发僵、发干，呆滞少动。

（二）HcNPV 和 Bt 感染对发病高峰期出现时间的影响

由表 2-1 可以看出，病原高浓度单独感染，美国白蛾分别在 96h 和

168h 出现发病高峰,并分别现出 Bt 病和 HcNPV 病的典型病征。低浓度病原混合感染,未出现发病高峰期;而其余浓度病原混合感染均有发病高峰期,与单独感染相比,可提前 12~24h,表明混合感染可使发病高峰期提前,增强了各病原的致病力。

表 2-1　不同浓度病原混合感染对寄主发病高峰期出现时间（h）的影响

HcNPV 浓度（PIB/mL）	Bt 浓度（mg/L）		
	0	<10	>10
0	0	无	96
<1.6×10⁵	无	无	84
>1.6×10⁵	168	144（HcNPV）	72，126

（三）混合感染中病原的相互作用

表 2-2　混合感染试验结果

	处理	NPV 1.6×10⁶ PIB/mL	NPV 1.6×10⁴ PIB/mL	Bt 25mg/L	Bt 5mg/L	混合 C Joint C	混合 D JointD	混合 E Joint E	混合 F Joint F	CK
	供试头数	90	90	90	90	90	90	90	90	90
	NPB（%）	66.7	41.1	0	0	23.3	34.4	20.0	24.4	0
	Bt（%）	0	0	68.9	45.6	26.7	13.3	31.1	5.6	0
镜检结果	N+B（%）	0	0	0	0	24.4	12.2	13.3	7.8	0
	N 液化	0	0	0	0	8.9	3.3	2.2	3.3	0
	无 NPB	31.1	55.6	26.7	51.1	23.3	36.7	32.2	58.9	0
	其他	2.2	3.3	4.4	3.3	2.2	3.3	3.3	3.3	2.2
总感病（%）		66.7	41.1	68.9	45.6	74.4	60	64.4	37.8	0

注：1. N+B：同时死于 NPV 病和 Bt 病；2. N 液化：死于 NPV 病，虫体液化，未镜检；3. 混合 C：NPV+Bt 1.6×10⁶ PIB/mL+25mg/L；4. 混合 D：NPV+Bt 1.6×10⁶ PIB/mL+5mg/L；5. 混合 E：NPV+Bt 1.6×10⁴ PIB/mL+25mg/L；6. 混合 F：NPV+Bt 1.6×10⁴ PIB/mL+5mg/L。

从表 2-2 的结果可知,高浓度病原混合感染（混合 C）,两病原致死率及混合感染率相似,混合感染致死率明显高于单独感染致死率,两病原可相互提高其致病力。若两病原高低浓度混合感染（混合 D、混合 E）,浓度高的病原致死率高,D 组和 E 组的混合感染率相似;D 组和 E 组混合感染的致死率,高于低浓度病原单独感染致死率;高浓度病原增殖量要大于浓度低的，其致死率也高，但混合感染率相似说明病原的增殖不仅与浓度有关，还与虫龄和虫体的生理状况等因素相关。若低浓度病原混合感染（混合 F），其致死率低于单独感染，但 NPV 的感染率明显高于 Bt 的感染率，说明 NPV 的增殖占优势，Bt 促进了 NPV 的增殖。但总体来看，低浓度病原的混合感染有减效趋势。

（四）Bt 和 HcNPV 混合感染对病原毒力的影响

由表 2-3 可看出病原混合感染的共毒系数和增效倍数。根据孙云沛等混合药剂杀虫理论可知，Bt（浓度 10mg/L、25mg/L）对 HcNPV 的毒力有增效作用；而 Bt（浓度 5mg/L）对 HcNPV 的毒力表现出减效作用。HcNPV（浓度 1.6×10^5 PIB/mL、1.6×10^6 PIB/mL、1.6×10^7 PIB/mL）对 Bt 的毒力均有增效作用。

表 2-3　Bt 与 HcNPV 不同配比对美国白蛾幼虫的混合作用

病原及其浓度		回归方程	相关系数	LC_{50}	CTC	增效倍数
Bt（mg/L）	HcNPV（PIB/mL）					
2.5~50	0	y = 8.296+1.776x	0.991	13.93	—	—
0	1.6×10^4 ~ 1.6×10^8	y = 2.644+0.462x	0.985	1.258×10^5	—	—
5	1.6×10^4 ~ 1.6×10^8	y = 1.914+0.469x	0.992	3.79×10^6	3.3	-0.967
10	1.6×10^4 ~ 1.6×10^8	y = 2.714+0.470x	0.937	7.31×10^4	172.1	0.721
25	1.6×10^4 ~ 1.6×10^8	y = 2.587+0.516x	0.923	4.74×10^4	265.4	1.654
2.5~50	1.6×10^5	y = 6.771+0.837x	0.839	7.228	192.7	0.927
2.5~50	1.6×10^6	y = 7.020+0.881x	0.882	5.093	273.5	1.735
2.5~50	1.6×10^7	y = 6.875+0.851x	0.948	6.266	222.3	1.223

注：表中数值是 3 个重复的平均值；y：死亡概率值；x：药剂浓度对数值。

（五）Bt 和 HcNPV 混合感染对美国白蛾幼虫致死的速效性

从病原 LT_{50} 的结果（表 2-4）可看出，与 HcNPV 单独感染相比，混合感染可使 LT_{50} 缩短 0.5~2.1d，病原不同浓度混合感染 LT_{50}，与单剂相比，均有不同程度的减少，可缩短美国白蛾幼虫死亡时间，加快其致死速度。

表 2-4 Bt 与 HcNPV 混合感染对美国白蛾的速效作用

病原及其浓度		回归方程	相关系数	LT$_{50}$	缩短天数
Bt（mg/L）	HcNPV（PIB/mL）				
	1.6×10^5	$y = -1.409 + 0.869 x$	0.962	7.375	—
	1.6×10^6	$y = -1.441 + 0.928 x$	0.952	6.941	—
	1.6×10^7	$y = -1.516 + 1.008 x$	0.948	6.464	—
10	1.6×10^5	$y = -1.453 + 0.955 x$	0.950	6.757	0.62
10	1.6×10^6	$y = -0.479 + 0.863 x$	0.935	6.349	0.59
10	1.6×10^7	$y = -0.721 + 0.961 x$	0.956	5.953	0.51
25	1.6×10^5	$y = -0.354 + 0.929 x$	0.908	5.763	1.61
25	1.6×10^6	$y = -0.996 + 1.236 x$	0.935	4.851	2.09
25	1.6×10^7	$y = 1.203 + 0.679 x$	0.870	5.592	0.87

注：表中数值是 3 个重复的平均值；ST（d）表示比单病原 HcNPV 的 LT$_{50}$ 缩短的天数。

三、讨论

病原高浓度单独感染，美国白蛾幼虫分别在 96h 和 168h 出现发病高峰，并分别出现 Bt 病和 HcNPV 病的典型病征。低浓度病原混合感染，未出现发病高峰期；而其余浓度病原混合感染均有发病高峰期，与单独感染相比，可提前 12~42h，表明混合感染可使发病高峰期提前，增强了各病原的致病力。这与刘广生[163]的研究结果一致。

据报道，许多病原微生物对于 Bt 均有增效作用[164-166]，不同病原微生物对不同昆虫 NPV 的毒力的作用不同[167-171]，也有研究结果表明，病原微生物的混合感染对不同昆虫 NPV 的杀虫速度的影响不同[172]。可见，不同微生物与 NPV 混合感染对病原毒力的影响比较复杂，这在本研究的混合感染中，结果也是同样。统计分析结果表明，Bt（浓度 10mg/L、25mg/L）可增强 HcNPV 的致病力，使病毒 LT$_{50}$ 缩短 0.5~2.1d；而 Bt（浓度 5mg/L）对 HcNPV 的毒力有减效作用。同时，HcNPV（浓度 1.6×10^5PIB/mL、1.6×10^6PIB/mL、1.6×10^7PIB/mL）对 Bt 的毒力均有增效作用。

Bell 等[173]对 Bt-NPV 的混合感染做了详细的研究，结果表明不同剂量同时感染，对于烟芽夜蛾（*Heliothis virescens*）幼虫死亡率的影响有增效和拮抗两种效应。本研究结果表明，大于等于 LC$_{50}$ 的病原混合感染，与单独感染相比，致死率差异显著，表现出增效。小于 LC_{50} 的病原混合感染，与单独感染相比，表现出减效。Bt 与昆虫病毒的混合致病性与病原浓度有关。由于病原毒性和昆虫敏感性的差异，这还需要进一步的研究，以全面地了解病原的混合致病性与病原浓度之间的关系。

高浓度病原混合感染，致死率 74.4% 明显高于单独感染致死率 66.7%、68.9%，两病原可相互提高其致病力。两病原高低浓度混合感染，浓度高的病原致死率高，高浓度病原增殖量要大于浓度低的，其致死率也高，但混合感染率相似说明病原的增殖不仅与浓度有关，还与虫龄和虫体的生理状况等因素相关。低浓度病原混合感染，其致死率 37.8%，低于单独感染的 41.1%，45.6%，但 NPV 的感染率 24.4% 明显高于 Bt 的感染率 5.6%，说明 NPV 的增殖占优势，Bt 促进了 NPV 的增殖。但总体来看，低浓度病原的混合感染未表现出相加或增效的效果，有减效的趋势。

HcNPV 与 Bt 的混用可增强彼此的毒力，还未见有关这方面的报道，这在生物防治中具有重要意义。有关增效因子的报道，已证明颗粒体病毒的增效因子在颗粒体病毒的包膜中，核型多角体病毒中的增效因子基因在晚期表达，白小东等进行了核型多角体病毒增效的研究，发现黄地老虎核型多角体病毒的增效成分为一种新型的增效因子。但核型多角体病毒增效因子的成分、组织定位等，目前还没有定论。因此，深入研究核型多角体病毒的增效机理，弄清其分子作用机制，有助于拓宽生物杀虫剂的应用领域，更好地开发和利用生物源农药。

四、小结

HcNPV-Bt 混合感染，随着各病原浓度配比的不同而表现出不同的病症。当两病原浓度接近 LC_{50} 时，试虫可表现出病毒和细菌的症状，并依次出现细菌和病毒两个发病高峰期。

用接近 LC_{50} 的各病原混合感染，与各单剂单独作用相比，可提前发病高峰期 12~24h，表明病原混合作用可加强各病原的致病力。

混合感染中病原的相互作用研究表明，本研究中的高浓度混合感染可提高各病原的致病力；而低浓度混合感染 Bt 可促进 NPV 的感染，NPV 的增殖占优势；两病原高低浓度混合感染，致病率以高浓度病原为主。

混合感染表明，两病原不同浓度的混合对寄主的毒力明显不同。当 Bt 浓度为 10mg/L、25mg/L 时对 HcNPV 的毒力有增效作用；而 Bt 浓度为 5mg/L 时，对 HcNPV 的毒力表现出减效作用；而 HcNPV 浓度为 $1.6 \times$

10^5 PIB/mL、1.6×10^6 PIB/mL、1.6×10^7 PIB/mL 时，对 Bt 的毒力均有增效作用。表明病原混合作用时，其配比浓度对其毒力有重要的影响。

　　混合感染可使 LT_{50} 缩短 0.5~2.1d，病原不同浓度混合感染 LT_{50}，与单剂相比，均有不同程度的减少，可缩短美国白蛾幼虫死亡时间，加快其致死速度。

第三章　HcNPV-Bt 侵染美国白蛾的组织病理学研究

Bt 与 NPV 都是经口感染的昆虫病原微生物，中肠是两者作用的共同靶位。据 Pingel R L 等报道[129-131]，Bt 与 NPV 混用具有明显增效作用。但对其在幼虫体内增效机理报道较少，本试验通过组织病理学方法对此进行研究，以探讨其组织病理学机理。

一、材料与方法

（一）材料

供试病毒：美国白蛾核型多角体病毒由中国林业科学研究院生态与环境保护研究所应用微生物研究室（以下简称应用微生物研究室）提供。

供试昆虫：室内人工饲料连续传代饲养的美国白蛾健康幼虫（由应用微生物研究室提供）。昆虫饲养方法同段彦丽[191]。

（二）方法

（1）美国白蛾核型多角体病毒的提纯及供试幼虫，同段彦丽[191]。

（2）美国白蛾核型多角体病毒的接毒方法及处理，同段彦丽[191]。

（3）组织病理切片制作

分别用 $4.2×10^7$ PIB/mL 的 HcNPV 病毒、25mg/L Bt 及二者的悬液（HcNPV：$4.2×10^5$ PIB/mL，Bt：10mg/L）接种 4 龄初幼虫，在 6h、12h、24h、36h、48h、72h、96h、120h、144h 分别取试虫，参考郑桂玲[100]方法，用 Carnoy 液固定液（无水乙醇∶冰醋酸∶氯＝6∶1∶3）中固定过夜；经系列浓度酒精脱水处理；苏木精、伊红复染，常规方法切片，厚度 $6～7\mu m$。用 Olympus 光学显微镜观察照相。

（4）外部病征和症状观察

分别取各处理试虫，每天观察记录试虫存活情况及感染病虫的外部病征和症状，将明显致死虫尸进行显微镜检查，鉴定死亡原因。

二、结果与分析

（一）感染病征和症状

取食 Bt 试虫：感病后表现为食欲减退，活动迟缓，对外界刺激反应迟钝，虫体变软呈腐烂状，有的幼虫吐水，体躯逐渐萎缩，最后呈干缩状死亡；

病毒感病试虫：最初表现为活动迟缓，取食量减少，后期虫体肿胀，体表具光泽，反应呆滞，死亡后，表皮极薄，稍触即破，最后虫体液化，呈浅褐色脓液。

混合感染试虫：早期表现出 Bt 症状较多，4d 后有 NPV 症状，有的试虫兼有两病原的症状，表现为发育受阻，不能顺利蜕皮而呈半蜕皮状态死亡。混合感染各症状出现的时间稍微早于单剂。

（二）组织病理变化

1. 苏云金杆菌对幼虫的侵染

Bt 对昆虫的靶组织是中肠。石蜡切片结果显示：健康幼虫中肠上皮细胞排列整齐致密对照幼虫，体壁层次清楚，各层紧密附着在一起，见附录 I 第三章彩图 III-II-2。取食苏云金杆菌后的幼虫，6h 中肠柱状细胞顶端稍膨大（彩图 III-I-1）；感染 24~32h 细胞顶部膨大呈囊状，伸向肠腔，细胞膜胀破，细胞质泄出（彩图 III-I-3）；感染 48h 后，中肠上皮细胞大多从基底膜上脱落，基底膜上残留零星细胞，可能是新生的细胞（彩图 III-I-6）；至 72~96h 中肠组织呈碎片融入体腔、肠腔中。以上结果表明，Bt 对幼虫的中肠侵染，使上皮细胞顶端膨大呈囊泡状，随后细胞膜破裂细胞质泄入肠腔，细胞崩解脱落，血淋巴变浑浊。

2. HcNPV 对幼虫的侵染

取食病毒的幼虫，6~72h 中肠、脂肪体、真皮、气管未见明显病变（彩图 III-II 中图 1，2，3）；96h 中肠、脂肪体、气管个别细胞细胞核出现肿胀（彩图 III-II 中图 4，5，6）；120~144h 各组织细胞核的病变渐渐加重，但中肠病部分细胞肿胀，病变较轻，真皮未见明显病变（彩图 III-II 中图 7，8，9），至后期，也出现中肠细胞破碎解体。总之，经病毒处理的幼虫，脂肪体储量明显减少，周缘层脂肪体及肌肉与体壁分离；脂肪体裂解成碎片，体壁内表皮、外表皮结构变得松弛，内表皮结构异常，厚度不均匀且表皮细胞明显增厚，正常表皮细胞为单层细胞，而感病试虫增为 2~4 层，且排列凌乱（彩图 III-II 中图 6）。精巢未发现病变。

3. HcNPV-Bt 感染幼虫

取食 HcNPV-Bt 的幼虫，在 24~48h 中肠皮细胞顶部稍膨大伸向肠腔，有的已脱落掉入肠腔，中肠底膜上有零星的细胞（彩图 III-III 中图 1，2，3）；96~144h 各组织细胞出现病变，脂肪体感染的细胞核肿胀，增大、感染的细胞数越来越多，气管细胞也是如此，中肠部分上皮细胞肿胀（彩图 Ⅲ-Ⅲ中图 6，7，8，9）由上看出，病毒和细菌混合感染，早期出现中肠上皮细胞顶端囊泡状，细胞质积聚在顶部；中后期表现病毒病症，与病毒单剂感染相比，出现病毒症状的时间略早，病变的程度也较严重，组织细胞降解的速度也明显加快，但未发现精巢感染症状。

与对照幼虫的气管组织细胞相比，病毒使气管细胞膨胀、变形、扭曲，管腔缩小。精巢的精母细胞膨胀。

三、讨论

昆虫的脂肪体是血淋巴蛋白合成和分泌的场所[106]，同时又是核型多角体病毒侵染幼虫的靶组织[95,99]。NPV 侵入寄主的最初部位是中肠，在中肠细胞中增殖而后进入血腔，再感染许多其他敏感组织[32,33,88,92]本试验对 Hc-NPV 感染寄主的过程进行了研究，结果发现，脂肪体、气管、表皮病变较严重，而中肠较轻，在时间上未发现中肠先被感染，这可能与取样时间和试验方法不同有关。

Bt 随着取食侵入昆虫体内，在敏感组织内大量繁殖，同时产生伴胞晶体毒素，引起昆虫食欲减退，减少取食，以致拒食，生长发育受到抑制而导致死亡。本研究的美国白蛾幼虫中肠组织引起的病理变化，结果提示：染病幼虫中肠的肠壁增厚，柱状细胞伸长，杯状细胞减少，直至细胞层解体。伴胞晶体毒素的致病机理，主要是损害了中肠上皮细胞而失去对渗透性控制，导致血淋巴和肠道之间 pH 值梯度的缩小，血淋巴钾离子增加，pH 值上升引起麻痹作用，而肠道 pH 值下降又有利于芽孢的萌发，使营养细胞增加，最后穿过基膜进入血腔引起败血症；另外，肠上皮细胞的破坏，常促使幼虫体液排泄。总之，苏云金杆菌的摄入，使幼虫的中肠组织遭到了非常严重地破坏，表明 Bt 对美国白蛾幼虫的致病性较强。

本研究的病原混合感染结果表明，染病幼虫的组织细胞，在早期表现为 Bt 的感染症状，中后期表现为 NPV 的病理变化，而且与单剂比较，在时间上要早，病变也严重，这在组织病理上证实了两病原对寄主有增效作用。

四、小结

通过对 HcNPV、Bt、HcNPV-Bt 分别感染美国白蛾幼虫的组织病理观察比较，揭示出混合病原对寄主的致病力明显增强。

Bt 的致病过程：6~32h 中肠上皮细胞顶部膨大呈囊泡状，伸向肠腔；48~72h 囊泡继续胀大，破裂掉入肠腔，细胞质泄出，同时细胞脱离基底膜，96h 中肠残留零散细胞，有的成空腔，120h 幼虫濒临死亡，脂肪体破裂，中肠降解为碎片，混杂在体腔内。

HcNPV 的致病过程：6～72h 所有组织未见病理变化；96h 中肠柱状细胞部分细胞核出现肿胀，脂肪体、表皮、气管也发生细胞核肿胀；120～144h 上述组织细胞病变加重，有细胞碎片脱离组织。

HcNPV-Bt 的致病过程：24h 中肠柱状细胞顶部肿胀形成囊泡，48h 囊泡继续胀大，72h 中肠、脂肪体、表皮细胞核出现肿胀；96～120h 病变随之加重，至 144h 中肠、脂肪体、表皮破裂，降解。

总之，混合感染对寄主的病理作用，相同时间内病变明显加重，说明混合作用对寄主的致病性增强，加速了寄主的死亡。

第四章　HcNPV-Bt 侵染美国白蛾的超微结构变化

核型多角体病毒是以鳞翅目昆虫为主要寄主的病毒。Cunningham[174] 报道了核型多角体病毒在 *Lambdina fiscellaria* 的中肠细胞内繁殖，但不形成多角体。鳞翅目昆虫的中肠细胞与其他组织比较，核型多角体病毒的感染性低，很难形成多角体。Granados[190] 报道了家蚕核型多角体病毒在中肠细胞内繁殖，产生的核衣壳不被囊膜包围，而是通过核膜孔进入细胞质内，然后进入血腔，再感染其他组织。前面的研究已证实 HcNPV-Bt 混合能增强对寄主毒力，本章进一步通过电镜观察病原的侵染过程，揭示核型多角体病毒及与 Bt 在超微结构增殖方式及其致病机理。

一、材料与方法

（一）材料

供试病毒：美国白蛾核型多角体病毒由中国林业科学研究院生态与环境保护研究所应用微生物研究室（以下简称应用微生物研究室）提供。

供试昆虫：室内人工饲料连续传代饲养的美国白蛾健康幼虫（由应用微生物研究室提供）。昆虫饲养方法同段彦丽[191]。

（二）方法

1. 病原感染

分别用 HcNPV、Bt、HcNPV-Bt 接种 4 龄初幼虫，具体方法参考段彦丽[191]。于 24h、48h、72h、96h、120h、144h、168h 取试虫 3～5 头，准备做超薄切片。

2. 透射样品制作

取处理好的试虫，解剖取中肠、脂肪体、精巢切成 1～2mm 大小组织块，即放入 2.5%戊二醛中固定 2h；0.1mol 磷酸缓冲液冲洗，4 次，10min/次；1%锇酸固定 2h；0.1mol 磷酸缓冲液冲洗，3 次，10min/次；30%、50%、70%、80%、90%、100%丙酮系列脱水各 20min；环氧树脂 SPURR 包埋、聚合 70℃ 8h。包埋好的组织块用 LEICAUC6i 型超薄切片机超薄切片，醋酸双氧铀 30min，柠檬酸铅双染色 10min，JEM-1230 透射电子显微镜观察、照相。

二、结果与分析

(一) 病征和症状

供试幼虫取食苏云金杆菌后 12h 左右，活动迟缓，取食停止，大约 20h 后出现明显的外部病征，部分幼虫体色变黑，虫体变软，表现为严重失水，表皮皱缩，有的幼虫下痢，并有少数开始死亡，死亡之后虫体变黑，组织完全解体，体液内含有大量菌体；取食病毒后，体表发亮，躯体肿胀，反应迟钝，死亡时腹足紧贴杯壁，躯体呈"八"字倒挂，约一天后虫体液化；取食复配剂的幼虫，早期表现出 Bt 症状，4d 左右表现出病毒症状，有的感病虫未见典型的细菌或病毒症状。取食复配剂的幼虫，各症状出现的时间稍微早于单剂。

(二) 细胞病理学变化

1. 苏云金杆菌对幼虫侵染的超微结构变化

电镜观察苏云金杆菌侵染：中肠组织是 Bt 作用的靶组织，正常幼虫中肠上皮细胞的微绒毛丰富而整齐，见附录 Ⅱ 第四章电镜图版 Ⅰ 中图 1。在摄入苏云金杆菌 24h，微绒毛即明显变粗，顶端出现空泡，且部分溶解脱落（图版 Ⅰ 中图 2）；48h 粗面内质网肿胀，网上的核糖体脱落；胞质中出现液泡，并有破坏的膜结构出现，线粒体的嵴模糊并消失，细胞核没有明显的病变，杯状细胞的杯腔内微绒毛紊乱、杯腔变小（图版 Ⅱ 中图 2）；72h，质膜破裂，胞质泄出，微绒毛空泡化（图版 Ⅰ 中图 4），内质网膨胀，线粒体肿胀（图版 Ⅰ 中图 3）。

2. HcNPV 对幼虫侵染的超微结构变化

电镜观察病毒在试虫体内的侵染与复制：病毒在中肠柱状细胞复制，接种 24h，细胞核染色质凝集（图版 Ⅱ 中图 3）；接种 48h，核染色质开始凝集，核仁增多，细胞中线粒体肿胀变形，嵴模糊不规则，大部分内质网肿胀，网池扩大，杯胞腔也有明显的病变，变形严重，且杯胞内线粒体消失（图版 Ⅲ 中图 4）；96h 核仁聚集成团并向核中央集中，此时染色质电子云密度很大，形成病毒发生基质（VS），表明细胞处于病毒感染的初期（图版 Ⅳ 中图 3）；接种 96h，病毒发生基质呈网状，出现电子云密度较低的透明区域，即环带"ring zone"，在环带中有很小的颗粒，为"前多角体"（图版 Ⅳ 中图 1），线粒体变形，外膜消失，嵴排列紊乱，甚至消失，出现空洞，内质网断裂，基粒掉落，降解为空泡（图版 Ⅳ 中图 3）；120~144h，细胞核内 VS 聚集，环带区域有核衣壳形成（图版 Ⅴ 中图 1）。

病毒在敏感组织脂肪体中的复制：接种后 24h，细胞核未见病变，接种 48h，细胞核染色质凝集（图版Ⅷ中图 2），72h，核仁增多，染色质凝集（图版Ⅸ中图 1）；接种后 96h，线粒体肿胀，结构紊乱（图版Ⅸ中图 3），120h，空泡增大增多（图版Ⅹ中图 1）；144h，可观察到在病毒发生基质出现（图版Ⅹ中图 1）；接种后 168h，网状的病毒发生基质透明区由杆状核衣壳形成（图版Ⅺ中图 1），每个囊膜可以包封一个至多个核衣壳，还可观察到核衣壳出芽获得囊膜（图版Ⅺ中图 2），病毒粒子随机被多角体包埋，一个多角体可以包埋一个至多个病毒粒子（图版Ⅺ中图 3）。

病毒感染后，144h 在精巢组织细胞核，出现病毒发生基质（图版ⅩⅢ中图 2），精巢细胞出现网状 VS，在低密度电子云区有核衣壳形成（图版ⅩⅢ中图 3），有一病毒粒子瘤状出芽，进入细胞间隙（图版ⅩⅢ中图 4）；168h，精巢管壁细胞核出现网状病毒发生基质，有核衣壳形成（图版ⅩⅣ中图 2），精巢细胞核染色质凝集并边缘化（图版ⅩⅣ中图 3）。

3. HcNPV-Bt 对幼虫侵染的超微结构变化

复配剂对幼虫中肠的超微结构：96h 可观察到 Bt 对中肠柱状细胞微绒毛的作用，孢子与微绒毛以膜与膜融合进入胞内，微绒毛变粗，呈空泡状（图版Ⅳ中图 2），细胞内质网肿大，网池变宽（图版Ⅳ中图 4）；120h，染色质凝集，出现网状病毒发生基质（图版Ⅴ中图 3）；细胞质中有大液泡出现，形成病毒发生基质，胞质囊泡化，整个胞质杂乱，内质网肿胀，核糖体脱落；线粒体外膜和嵴严重破坏，出现中空（图版Ⅴ中图 4）；144h，胞质有膜结构物质出现（图版Ⅵ中图 4）；接种 168h，杯胞腔缩小（图版Ⅶ中图 1），核膜胀裂，核内充满包埋病毒粒子的多角体和带囊膜的病毒粒子（图版Ⅶ中图 3）。不同中肠细胞中，病毒的复制并不完全同步，在同一视野内，同时可观察到，病毒增殖的上述各个时期（图版Ⅶ中图 2），胞外带囊膜的病毒粒子及在基底膜病毒粒子（图版Ⅶ中图 4）。

脂肪体混合感染后 72h，染色质凝集，核仁增多（图版Ⅸ中图 2）。接种 120~168h，染色质凝集，病毒发生基质中有病毒核衣壳形成（图版Ⅻ中图 1），囊膜包埋一个或多个核衣壳，形成单粒或多粒包埋的病毒粒子（图版Ⅻ中图 2），内质网空泡变大增多，细胞核病变突出，细胞核膨胀，几乎充满整个细胞（图版Ⅻ中图 3），线粒体外膜模糊，部分嵴消失（图版Ⅻ中图 4），可看到胞质中内质网空泡化，胞质变稀，电子云密度低。

三、讨论

一般认为，寄主食入 NPV 后，在中肠的碱性环境中多角体被降解，释放出病毒粒子，病毒粒子的囊膜与中肠细胞上的特异性受体接合，通过膜融合，进入中肠细胞，经核孔，核衣壳在核中脱衣，释放出核酸，复制出子代病毒粒子，这些病毒粒子经核孔进入细胞质，以出芽的方式获得囊膜进入血腔，开始二次感染[6,42]。这些病毒粒子通过囊膜蛋白 GP64 蛋白与二次感染组织细胞上的特异性受体结合，以细胞内吞作用进入细胞质中，经膜融合，释放出病毒粒子，病毒粒子经核孔进入核中脱衣复制，复制出的病毒粒子获得囊膜，多角体蛋白沉积其上，形成多角体。昆虫在感染后期死亡崩解，释放出的多角体[6,175]。本研究电镜观察结果表明，HcNPV 对寄主的增殖侵染历程，与前人的结论基本一致。

中肠细胞和脂肪体细胞，出现病理变化的时间不同。中肠细胞在感染 48h 出现了核仁增大，增多，细胞核增大的病理变化；而脂肪体细胞在 48h 时未见明显病理变化，在感染 72h 出现一些病理变化，但在 96h 出现病毒粒子，这二者组织的表现似乎相矛盾，推测引起此现象可能有以下三个原因，一是早在感染 72h 之前，就有病毒粒子在中肠细胞中复制，由于复制时的病毒粒子总数较少，又有部分出芽进入血腔，因此观察不到病毒粒子；二是细胞感染的不同步性，早期没有取到病毒粒子复制部位；三是如 Tanada 等报道，NPV 和 GV 一样通过细胞间隙直接进入血腔发生感染。Granados 也曾指出，有些进入细胞质中的核衣壳并不进入细胞质中，而是直接移向基底膜，通过出芽进入血腔，直接参与寄主的全身感染。

本研究电镜观察结果表明：健康幼虫在正常情况下，中肠细胞结构整齐，微绒毛致密；取食 Bt 的试虫，中肠细胞微绒毛变稀疏，细胞膨胀，这与前述第六章的组织病理是一致的。与王志英的研究结论相同。表明鳞翅目昆虫取食 Bt 后具有相似的致病过程。

据报道，核多角体在中肠细胞内增殖的病毒粒子是无囊膜的核衣壳，它们不被多角体包埋。它们在释放时通过细胞质膜出芽获得囊膜。而在其他敏感细胞内增殖的病毒粒子有囊膜。它们的囊膜或经细胞质膜出芽获得，或由粗糙内质网衍生而来[176]。而本研究的结果表明，在感染第 168h，在中肠细胞内形成大量单粒或多粒包埋的带囊膜的病毒粒子，并在中肠细胞核内形成多角体，随机包埋这些病毒粒子，这一结果与前述结果不同，其原因可能是昆虫不同造成的。

有关生殖系统感染 NPV 的报道较少，研究者通过荧光抗体和电子显微镜，观察到 NPV 可以在家蚕生殖系统增殖[98]，苜蓿银纹夜蛾幼虫被 NPV 感染后，在被感染的睾丸外周细胞核中发现多角体[96]，斑条夜蛾、斜纹夜蛾幼虫的生殖系统组织都曾观测到多角体的存在[99]。本研究电镜观察到幼虫的精巢细胞被 HcNPV 侵染，下一步研究要在取样的时间上更长一些，将卵巢也作为研究对象，则对病毒在生殖系统中的研究将更加翔实。

四、小结

电镜观察研究 Bt 感染对幼虫中肠细胞的病变结果提示，Bt 对昆虫的靶组织是中肠，6~24h，对中肠细胞微绒毛、线粒体、内质网发生病变，但细胞核无明显变化；48~96h，中肠细胞微绒毛变少，细胞膜破损，细胞内容物外泄，细胞为空泡，降解。

电镜观察 HcNPV 单独感染对幼虫组织细胞的超微结构，结果表明：24h，各组织均没有病理变化；48h，致使中肠细胞微绒毛、线粒体、内质网及核膜均出现病变，但染色质、核仁未出现异常；72~96h，中肠染色质出现病变；脂肪体细胞器出现病理变化和染色质病变分别在 72h 和 96h；120h，中肠有病毒发生基质产生病毒粒子；144h，脂肪体出现病毒粒子，各种细胞器病变加重，最后中肠细胞核由带囊膜的病毒粒子形成，脂肪体细胞也是如此。

HcNPV-Bt 混合感染幼虫超微结构结果表明，24~48h，中肠、脂肪体细胞均出现病理变化；72h，脂肪体细胞染色质异常；96~120h，病毒粒子在核内大量增殖，144~168h，细胞病变更加严重，核膜胀裂，核内、核外均发现病毒粒子，细胞解体，破碎。总之，混合感染导致的病变比单独感染更加严重，而且在精巢中出现病毒发生基质，表明病毒可以侵染精巢生殖细胞。

第五章 HcNPV 侵染寄主免疫组化定位检测

昆虫核型多角体病毒对于控制其寄主种群具有潜在的经济学价值。这些病毒对寄主的特异性，是因其表型的不同使然[98]。因此病毒基因型的确定对病毒的应用和研究有着重要意义。在判断不同毒株之间遗传关系时，病毒DNA 间的分子杂交不失为一种好的方法，血清学技术（如免疫荧光法、免疫电泳法、酶链抗体法、免疫电镜法等）也是鉴定杆状病毒比较简便易行的方法，而其中的免疫组织化在病毒抗原的定位检测中是一种很好的方法。

免疫组织化（Immunhistochemistry）又称免疫细胞化学，其原理是用标记的抗体对细胞或组织内的相应抗原进行定性、定位的检测，免疫组织化学技术的建立和发展大大充实了病理学的内容，使病理诊断更加精确，达到了形态与功能相结合的水平[137]。

由于免疫组织化学法具有特异、直观和敏感的特点，通过普通光学显微镜即可判定结果，在人类肿瘤等检测中得到广泛使用，但应用于动物医学研究中的报道相对较少。本研究旨在建立检测 HcNPV 的免疫组化方法，研究HcNPV 在染病幼虫组织内的动态分布。

一、材料与方法

（一）材料

1. 材料

供试病毒：美国白蛾核型多角体病毒由中国林业科学研究院生态与环境保护研究所应用微生物研究室（以下简称应用微生物研究室）提供。

供试昆虫：室内人工饲料连续传代饲养的美国白蛾 4 龄初健康幼虫（由应用微生物研究室提供）。昆虫饲养方法同段彦丽[191]。

2. 主要试剂和实验用品

（1）Carnoy 固定液：无水乙醇：冰醋酸：氯仿 = 6：1：3，按此比例配制。

（2）组织包埋试剂：甲苯、无水乙醇、石蜡。

（3）HE 染色剂：常规方法配制。

（4）封片剂：光学树脂胶：甲苯 = 1：1。

（5）免疫组化抗体技术试剂（购自武汉博士德生物公司）。

（6）免疫组化复染液：苏木素染液。

（7）兔抗 HcNPV IgG 制备所需试剂：羊毛脂、液状石蜡、饱和硫酸铵、营养琼脂、1%氯化钠溶液、0.01mol/L（pH 值 7.4）PBS 洗脱液。

3. 试验仪器

RM2128 轮转式切片机（Leica 公司），EcliopeE400 型光学显微镜（Nickon 公司），微波炉，一次性刀片（FEATHER35 型 JAPAN），水浴振荡器，Olympus 光学显微镜，其他实验室常规用品。

（二）方法

1. 载（盖）玻片准备

依据有关实验结果进行适当改良。清洁的玻璃载玻片浸酸 48h，流动清水洗 24h，蒸馏水冲洗 2 次，载玻片浸入 1%的 APES，浸泡 10s，丙酮洗涤，蒸馏水洗一次，备用，经过这一处理的载玻片在多次洗涤中不会掉片。盖玻片用重铬酸钾浸泡 2h 洗净，95%酒精浸泡后烘干备用。

2. 试虫的感染取样组织包埋及切片

分别于饲毒后 1d，2d，3d，4d，5d，6d，7d，取不同处理的试虫，放入 Carnoy 固定液中固定 24h，从固定液中取出试虫，50%酒精 2h—75%酒精 2h—85%酒精 2h—95%酒精过夜—无水酒精 2 次，每次 1h—二甲苯石蜡 0.5h—溶化石蜡渗透两次，每次 1h—包埋—修蜡块—切片 5~7μm，黏附于涂有黏片剂的载玻片上—将玻片置于 37℃ 温箱内过夜。而后入梯度酒精脱水[177,178]。切片分为三套，第一套用于 HE 染色，用于试虫染病的形态学观察及阳性细胞定位；第二套用于免疫组织化学 SABC 法染色，以显示 HcNPV 免疫阳性细胞；第三套用于对照实验。

3. H. E 染色

H. E 染色：将烘干切片二甲苯两次脱蜡，每次 5min—无水酒精 2 次，每次 3~5min—95%酒精 2min—85%酒精 2min—75%酒精 1~3min—水洗—苏木素 10min—流水洗—1%盐酸酒精分化 3~5s—自来水中冲洗促蓝 30min—伊红 1min—水洗—80%酒精数秒—95%酒精 0.5~1min—无水酒精两次，每次 1~5min—二甲苯透明两次，每次 5min—中性树胶封片。Olympus 光学显微镜观察照相。

4. 免疫组织化学 SABC 法操作程序

免疫组化 SABC 法[179]。具体实验步骤如下。

（1）载玻片经 APES 稀释液（APES：丙酮=1：50）浸泡 30s 左右，取出后干燥 3~5min，经纯丙酮洗 2~3 次，捞出于无尘处干燥。石蜡切片展片后，捞在上述处理的载玻片上，置烤箱（58~60℃）30min 以使切片紧密黏附。

（2）切片常规脱蜡至水。

（3）1 份 30%H₂O₂+10 份蒸馏水混合，室温 10min 以灭活内源性酶。蒸馏水冲洗 3 次。

（4）微波修复，0.1M PBS 冲洗 2 次。

（5）滴加正常山羊血清，室温封闭 20min。甩去多余液体，不洗。

（6）滴加适当稀释的多角体抗体（1∶20），37℃ 1h，0.1M PBS 洗 2min×3 次。

（7）滴加生物素化山羊抗兔 IgG，20℃，20min。PBS 洗 2min×3 次。

（8）滴加 255g/mg 的链亲和素，20℃，15min，PBS 洗 10min，以消除内源性生物素背景。

（9）滴加试剂 SABC（Strept Avidin-Biotin Complex），20℃，20min。PBS 洗 5min×4 次。

（10）DAB 显色：使用 DAB 显色试剂盒，室温显色，显微镜下控制反应时间。

（11）苏木素轻度复染。脱水，透明，中性树胶封片，显微镜观察。APES、SABC 即用型试剂盒及 DAB 染色试剂盒均购自武汉博士德公司，链亲和素购自 Promega 公司。

5. 对照实验

用正常兔血清代替一抗，其他步骤同上。用以检验抗体的特异性。

免抗 HcNPV 高免血清的制备

（1）病毒的增殖与纯化：方法同段彦丽[191]。

（2）免疫抗原制备：取羊毛脂与液状石蜡按 1∶3 比例混合、高压灭菌，临用前与等体积的纯化抗原混合，按 1mg/mL 加入卡介苗乳化制成完全佐剂抗原。方法如下：将羊毛脂和液体石蜡混合液，移入一个玻璃试管中，放在旋涡振荡器上进行剧烈振荡，边振荡边加入混合好的病原和卡介苗混合液，将乳化液一直震荡到完全形成油包水剂为止。检查乳化效果，即乳化的佐剂乳化抗原滴于冷水表面出现完整又不扩散的圆形油滴即为乳化完全。

（3）动物接种：取健康兔 5 只进行免疫接种，免疫程序见表 5-1。

表 5-1　动物接种免疫程序

免疫接种	抗原形式	注射剂量	注射部位
一免	完全佐剂+抗原	100μg 病毒/kg 体重	脊部皮下
二免（一免后 10d）	不完全佐剂十抗原	100μg 病毒/kg 体重	脊部、颈部皮下
三免（一免后 17d）	抗原	500μg 病毒//kg 体重	脊部及腹股沟皮下
四免（一免后 24d）	抗原	80μg 病毒/kg 体重	脊部皮下

采集血清：四免后 1 周经颈动脉放血收集血清，-20℃保存。

（4）兔抗 HcNPV IgG 的粗提取

取抗血清 5mL，加入等量生理盐水，混匀后，缓慢加入 10mL 饱和硫酸铵，边加边摇，使两者充分混合；放置 4℃冰箱 3~4h 后，5 000r/min 离心30min；倾弃上清液，于沉淀物内加入 5mL 生理盐水。再加 3mL 饱和硫酸铵，边加边摇使其充分混匀；放置 40℃冰箱过夜，以 5 000r/ min 离心30min；重复做上两步骤；倾弃上清，将沉淀物溶于少量生理盐水中，其量约为原血清量的 1/4；然后将血清装入透析袋，以 0.0175M，pH 值 6.4 的PBS 于 4℃透析 2~3d，每 3h 换液一次，每次以原血清 20 倍体积的 PBS 进行透析，直至用奈氏试剂检测透析液中无黄色沉淀出现为止。

6. 结果判定

光镜下阳性部位或细胞为棕黄色颗粒。按照棕黄色颗粒的有无和多少判定结果，没有棕黄色颗粒的为免疫组化阴性，用"-"表示；组织中棕黄色颗粒在组织中零星分布少于 5%的为轻度阳性，用"+"表示；组织中棕黄色颗粒在组织中比例为 5%~50%为阳性用"++"表示；组织中棕黄色颗粒在组织中分布比例大于 50%的强阳性，用"+++"表示。

二、结果与分析

（一）免疫组化方法优化

以一抗稀释度为 1：20，二抗稀释度为 1：30 所获得染色特异性较好，背景较弱。其余优化结果如下。

（1）抗原修复方法选择。微波修复，可使抗原充分暴露；而直接加热煮沸，可以使抗原暴露，但结果不稳定。

（2）一抗最佳孵育时间和温度的选择。一抗 4℃孵育过夜特异性染色强，背景颜色淡；一抗 37℃孵育 30min，特异性染色不明显，抗原抗体结合不稳定。

（3）二抗最佳孵育时间和温度的选择。二抗 37℃ 孵育 30min，特异性染色较好，背景轻微；二抗室温 2h，增加洗涤时间，背景染色明显，特异性不强。

（4）最佳洗涤效果的选择。PBS 摇动漂洗比直接冲洗，染色反应好。

（5）最佳抗体稀释液。PBS 稀释抗体染色反应较好；其他方法特异性染色不强。

因此 SABC 法的最佳条件为，微波进行组织抗原修复，一抗 1：20 稀释，4℃ 孵育过夜，二抗 1：50 稀释，37℃ 作用 30min，PBS 摇动漂洗，PBS 稀释抗体染色反应特异性较好。

（二）特异性检验

健康幼虫对照组织免疫组化呈阴性；阳性对照呈强阳性。

（三）病毒多角体的免疫组化检测

1. HcNPV 单独感染幼虫

免疫组化结果表明：感染后 72~96h，在大多数脂肪体细胞（彩图 V-Ⅲ-4）（附录Ⅲ第五章彩图）、中肠柱状细胞（彩图 V-Ⅲ-5）、真皮组织（彩图 V-Ⅲ-6）的细胞核中可观测到阳性颗粒，感染细胞比较少，说明多角体蛋白开始表达。同时，气管上皮、真皮组织中，在细胞核和细胞质中都有少量的阳性颗粒。感染后 120h，较多的真皮细胞、脂肪体（彩图 V-Ⅲ-7，8，9）的细胞核肿大，感染细胞的细胞核呈明亮的棕黄色，感染数明显增多；感染后 144h，在脂肪体、气管（彩图 V-Ⅳ-4）、真皮的上皮组织（彩图 V-Ⅳ-5）几乎全部的细胞都呈棕黄色阳性颗粒，说明多角体已大量表达。幼虫死亡后，脂肪体、气管等组织结构完全被破坏（彩图 V-Ⅳ-6），且全部组织都显示阳性，肌肉保持比较完整，未能检测到阳性信号（彩图 V-Ⅳ-5），精巢在整个感染过程中未见阳性表达。

2. HcNPV-Bt 的免疫组化检测

混合感染情况表明：24~48h，在脂肪体、中肠、真皮等所有组织检测到零星的阳性（彩图 V-Ⅰ-4，5，6），与 HcNPV 相似，只是在阳性信号出现的时间较早，阳性信号较强。在 48h，中肠柱状细胞顶部囊泡化，表现出 Bt 的侵染（彩图 V-Ⅰ-8）。72~96h，各组织细胞中阳性信号逐渐增多（彩图 V-Ⅰ-7），在 120h，脂肪体、气管、表皮等组织全部出现阳性表达，到 144h，虫体各组织开始解体（彩图 V-Ⅰ-9）。此时，精巢有阳性信号，说明多角体在精巢中增殖（彩图 V-Ⅱ-A-1）。

三、讨论

阳性检出率除了与实验过程中诸多因素有关外，更直接的还与抗原的特性有关，在组织免疫染色中，染色结果是抗原在局部环境中的呈现情况、抗原的局部浓度及表位构型共同作用产生的，如在一个很小的局部环境中呈现大量完全一致的抗体结合位点，其抗原最容易被检测，而弥散的抗原即使呈现高浓度也难以检测，或与背景杂色难以区别而造成假阴性。总的来说抗原检出量有个峰值的增加而后下降的过程，这说明初期病毒活跃，在达到一个峰值后逐渐下降。

本试验检测到 HcNPV 抗原主要分布在脂肪体、气管、表皮及中肠的部分细胞核内，并导致相应的病理组织学变化。中肠细胞是病毒的原始靶细胞，因为病毒需在中肠细胞内大量增殖后，才有可能侵害其他组织。另外，检测到病毒抗原也存在于这些细胞的胞浆内，表明病毒的复制也可在胞浆中进行。

在相同时间内，脂肪体、气管、表皮的阳性信号明显多于中肠，一方面说明这些组织更适宜于病毒增殖，另一方面也暗示，中肠增殖的病毒的表型不同于其他组织，不易检测。这样可以反过来认为，中肠是病毒的原始靶组织。

观察 HcNPV-Bt 染病幼虫，在感染第 144h 后，检测到精巢有阳性信号，说明病毒侵染了寄主的精巢组织。这从蛋白质分子水平证实，HcNPV 可以垂直传递给子代，进而起到持续控制作用。这一结果与有贺久雄的研究结果一致，研究者借助荧光抗体和电子显微镜技术，证实家蚕的生殖系统可以感染 NPV，并在那里增殖[98]。

在本研究中，前面应用传统的 H.E 染色法，光镜下分析了病毒对幼虫的致病历程，观察到不同时间点的组织病理结果基本与免疫组化一致，但是H.E 染色只能揭示形态学上的病理特征，而免疫组化则从蛋白质分子水平揭示病毒在虫体内的侵染状况，用不同颜色直观地显示病毒感染过程，具有较高的特异性和敏感性。

四、小结

本研究建立了免疫组化的方法及应用检测 HcNPV 抗原在寄主体内的分布。经口感染寄主的病理时相：感染后 72~96h，在气管、脂肪体、表皮中同时检测到病毒抗原；感染后 120h，气管上皮细胞、脂肪体和真皮细胞的细胞核肿大，阳性信号增强；感染后 144h，在脂肪体、气管、真皮的上皮组织中全部检测到阳性信号。中肠上皮细胞检测到部分阳性，肌肉组织中未见阳性信号。在精巢组织中检测到病毒抗原的阳性信号，表明病毒侵染了精巢组织。

第六章　HcNPV 对美国白蛾幼虫血淋巴的影响

昆虫血淋巴是昆虫循环系统的主要组成成分，也是进行物质代谢的重要场所，其蛋白质的变化是昆虫新陈代谢的一个重要指标。据 Watanabe[103]、邓塔等[101]报道，昆虫在感染病毒后，核型多角体病毒的复制和染病后血淋巴蛋白其蛋白质代谢会受到影响。本试验对 HcNPV 感染美国白蛾幼虫后的血淋巴蛋白变化进行了研究，以探讨病毒感染寄主的致病机理。

一、材料与方法

（一）材料

（1）供试病毒。美国白蛾核型多角体病毒由中国林业科学研究院生态与环境保护研究所应用微生物研究室（以下简称应用微生物研究室）提供。

（2）供试昆虫。室内人工饲料连续传代饲养的美国白蛾 5 龄健康幼虫（由应用微生物研究室提供）。昆虫饲养方法同段彦丽[191]。

（3）供试美国白蛾幼虫感染接毒。方法同段彦丽[191]。

（4）幼虫血淋巴样品的制备。挑选蜕皮 24h 内 5 龄初健康试虫，于接毒后 12h、36h、48h、72h、96h、120h 和 144h 取样，每次随机取样 8～10只幼虫。先在离心管内加微量苯基硫脲溶液，防止血淋巴黑化，然后用解剖针扎破幼虫的第一对腹足，让血淋巴自然流出，用移液枪快速吸进离心管内。8 000r/min离心，20min，上清置入−20℃冰箱保存。同样严格挑选蜕皮 24h 内，5 龄初健康试虫幼虫，如上法取血淋巴作对照。

（5）实验仪器。DU800 紫外分光光度计（德国产），凝胶成像系统 Viber Lourmat（TEF−M/WL），水平电泳仪（EC1000−90），烘箱（可控温）等。

（二）方法

1. 考马斯亮蓝染色法测定血淋巴蛋白

血淋巴蛋白测定采用考马斯亮蓝染色法，以牛血清蛋白配制一系列标准蛋白溶液，制作标准曲线，根据标准曲线方程，计算血淋巴蛋白质含量。

（1）考马斯亮蓝染色液配制。称取 50mg 考马斯亮蓝 G250 溶于 25mL 95％乙醇溶液中，加入 50mL 冰醋酸，用蒸馏水定容至 500mL，4℃保存。

（2）标准曲线的制作。准确吸取 0μL、0.5μL、1.0μL、2.0μL、3.0μL、4.0μL，浓度为 0.5mg/mL 牛血清蛋白标准溶液（终浓度分别为 0μg/mL、0.5μg/mL、1μg/mL、2μg/mL、3μg/mL、4μg/mL），分别置于 pendof 管中；分别加入浓度为 0.15mol/L 的 NaCl 溶液至 100μL；加入 1mL 考马斯亮蓝 G250，震荡混匀，静置 2min；加样于 1cm 光径的微量比色杯中，波长为 680nm，测定光吸收值（OD 值），以蛋白质浓度为横坐标，光吸收值为纵坐标绘制标准曲线。取 3 个样品数据的平均值。

（3）测定血浆总蛋白。取血淋巴样品 10mL 加入 90μL 浓度为 0.15mol/L 的 NaCl 溶液，成为稀释液；取稀释液 5μL，加入 95μL 浓度为 0.15mol/L 的 NaCl 溶液后加入 1 000μL 染色液；加样于 1 粗面光径的微量比色皿中，波长为 680nm，测定光吸收值（OD 值）；根据标准曲线，结合测得的光吸收值得到样品的血淋巴蛋白浓度；根据稀释倍数及加样量计算出样品血淋巴蛋白的量。

2. 聚丙烯酚胺凝胶电泳

（1）凝胶配制

①按仪器说明装好玻璃板。

②配制分离胶（7.5%，15mL）。方法如下：水 7.2mL，30%丙烯酰胺溶液 3.8mL，1.5M Tris-cl（pH 值 8.8）3.8mL，10% SDS 0.15mL，10%过硫酸铵 0.15mL，TEMED 0.01mL。

③混匀，超声波脱气灌制。

④在凝胶液面上小心加水覆盖，以使界面平滑。

⑤等凝固后（30～45min），配制浓缩胶（3.3%，5mL）：水 3.7mL，30%丙烯酰胺溶液 0.63mL，1.5M Tris-cl（pH 值 6.8）0.63mL，10% SDS 0.05mL，10%过硫酸铵 0.05mL，TEMED 0.005mL。

⑥混匀，超声波灌制。

⑦胶插上梳子形成上样孔，30～45min 后可用。

（2）加样电泳

①将取 9μL 样品，加入约 1/2 体积（5μL）的 2×上样缓冲液混匀。

②5 000r/min 离心，取上清加样。

③15mA 电泳至样品进入分离胶（约 90min），再调至 30～40mA。

④等溴酚蓝移至凝胶下边界时停止电泳（约 4h）。

每槽加样量 9μL 血淋巴上清液，凝胶浓度 7.5%，Tris-甘氨酸电极缓冲液系统，pH 值 8.3，电压 200V，电泳时间约 6h。

（3）蛋白的染色

①染色液的配制。1%考马斯亮蓝 R250：称取 1g 的考马斯亮蓝 R250 溶于 99mL 乙酸中，过滤后置于 4℃ 冰箱待用。10%三氯乙酸（TCA）溶液：在装有 500g TCA 的瓶中加入 227mL 水，形成的溶液含有 100%（M/V）TCA，再稀释到溶液体积的 10 倍。12.5% 三氯醋酸稀释到溶液体积 12.5 倍，7.5%三氯醋酸稀释到溶液体积 7.5 倍。苏丹黑 B 酒精饱和液（饱和苏丹黑 B 染液）取苏丹黑 B 约 5g，溶于 5 血无水乙醇中，使呈饱和状态。

②蛋白染色。

普通蛋白：1%考马斯亮蓝 R250 用 12.5% 三氯醋酸稀释 20 倍后染色 12h，用 7.5%三氯醋酸脱色。普通蛋白被染成深蓝色。

糖蛋白：用 Schiff-Folin 酚试剂染色，糖蛋白被染成玫瑰红色（按说明书方法做）。

脂蛋白：将样品预先和苏丹黑 B 酒精饱和液按 5：1 比例混合，4℃ 冰箱过夜，电泳后用 7.5%三氯醋酸固定脱色，脂蛋白被染成棕色。

二、结果与分析

（一）血淋巴蛋白浓度的变化

5 龄初健康幼虫感染病毒后 6d 的血淋巴蛋白总浓度的变化见图 6-1。可以看出对照幼虫血淋巴蛋白浓度在第 12~48h 缓慢上升，第 72h 突然下降，血淋巴蛋白浓度略低于以前；第 120h 又急剧上升至第 48h 的蛋白浓度近 3 倍的水平。而同期染病的幼虫血淋巴蛋白浓度在感染病毒后第 12~48h 要稍低于同期的对照幼虫，第 48h 降到最低点；第 72~96h 血淋巴蛋白浓度就开始急剧上升，此时血淋巴蛋白浓度要高于同期对照幼虫；至第 120~140h 又开始快速下降，蛋白浓度低于对照幼虫。这一结果和部分前人的结论一致。总之，染病幼虫的蛋白浓度，在早期要低于对照，在中期略高于对照，到后期又低于对照。据报道，在染病初期，通常是染病幼虫血淋巴蛋白浓度较对照幼虫血淋巴浓度稍低或相同[180]。本试验结果与此一致。有趣的是，幼虫染病中期的结果与上述前人的研究不完全相同。可能是幼虫染病后，开始处于潜伏期，随着病毒的复制，寄主的代谢出现补偿性代谢，刺激机体代谢增强，导致补偿性蛋白含量增加。在对烟青虫感染 NPV 后耗氧量的变化研究中指出，与对照幼虫的呼吸率一直趋于平衡相比，染病幼虫的呼吸率，在 6~12h 内出现一个高峰，18h 后开始下降[181]。此结论从侧面也反映了病毒对虫体代谢在染病初期有刺激作用；由于试验虫种不同，也可能这种刺激作用在美国白蛾染病后的中期表现出来。当然，试验结果不同也与试验条件、取样等因素不一致有关。另外，昆虫脂肪体细胞与血淋巴蛋白的合成代谢有关[106]，因此脂肪体的健康状况与血淋巴蛋白浓度的变化密切相关。结合前面的 NPV 感染脂肪体后染病过程的观察，也可以得出上面的结论。而染病后期幼虫血淋巴蛋白浓度的变化，本研究与前人研究的结论基本相同。脂肪体电镜观察表明，染病 48h～144h，染病的脂肪体细胞日渐增多，日趋严重，至染病后第 168h 靶组织已形成大量多角体。此时的血淋巴蛋白的急剧下降，说明多角体的大量包埋对虫体各组织代谢造成破坏，尤其是导致脂肪体细胞代谢功能的破坏的结果。

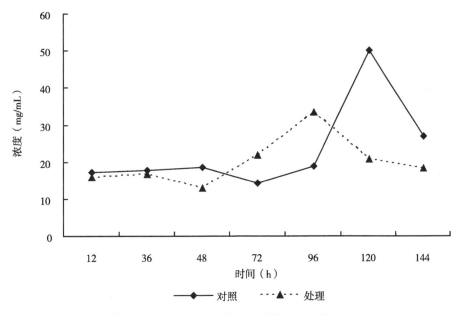

图 6-1　5 龄幼虫感病后血淋巴蛋白含量的变化

（二）血淋巴蛋白电泳结果

1. 普通蛋白

5 龄幼虫染病前后的血淋巴蛋白的 SDS-PAGE 图谱见图 6-2。从健康幼虫第 12～144h 血淋巴普通蛋白的图谱可看出，均可分出 12 条以上的蛋白带，第 72h 和第 96h 血淋巴蛋白带较弱，在第 120～144h 的血淋巴蛋白带较强。变化主要表现在蛋白含量上的变化，第 72～96h 的 P1、P2、P4、P5 蛋白带含量很低，而 P3 蛋白带却含量很高。连续 6d 的血淋巴样品 PAGE 图谱，在染病的幼虫血淋巴中蛋白情况与健康幼虫基本相似，只是在一些带的含量上有变化，均能分出 13 条以上的蛋白带，除了第 72～96h 血淋巴蛋白带逐渐变弱外，其他各蛋白变化不大；P3 带蛋白含量略有增强，第 96h 的 P4、P5 带蛋白含量很弱。此结果与大部分研究者的报道基本相同[180]。

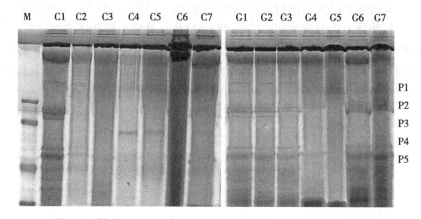

图 6-2　健康虫和感病虫血淋巴普通蛋白的 SDS-PAGE 电泳图

M：Marke，C1～C7：健康虫在第 12～144h 血淋巴蛋白电泳图，G1～G7：染病幼虫血淋巴蛋白电泳图，P1～P5：变化明显的蛋白带

谱带数目的差异主要在于部分蛋白质弱带的微细表达，从效应一致的原则出发，可初步认为在未处理情况下，幼虫体内该类蛋白质含量很低，病毒处理后，幼虫血淋巴内该蛋白质含量均明显提高，处理后成为血淋巴蛋白质的可检出谱带。由上述试验结果可知，经病毒处理后并未导致幼虫血淋巴蛋白质种类的变化，只是导致某些蛋白质含量方面的变化。

2. 糖蛋白

从健康 5 龄幼虫连续 6d 的血淋巴蛋白图谱可看出（图 6-3），染成玫瑰红的糖蛋白带数有清晰的 6 条带，但在第 72、96h 的蛋白带中相当于普通蛋白带中 P3、P2 位置的糖蛋白很弱，其余糖蛋白带无变化。染病幼虫 6d 的糖蛋白带基本无变化。

3. 脂蛋白

脂蛋白的 PAGE 图谱提示，其蛋白带与普通蛋白和糖蛋白很相似（图 6-4）。有 5 条清晰的脂蛋白带。在健康幼虫血淋巴蛋白电泳图谱中，与普通蛋白 P1、P2、P3、P4 带迁移位置相近的脂蛋白色带（G 带）有一些变化：第 12h s 带较浓，而第 36～120h s 带脂蛋白逐渐减弱，但在第 144h 又加强。在染病幼虫中，血淋巴脂蛋白电泳图谱均没有显示明显变化，可见到第

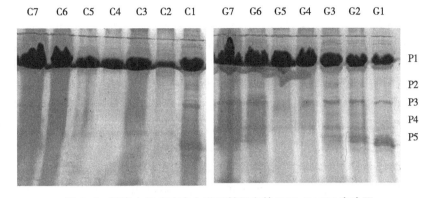

图 6-3 健康虫和感病虫血淋巴糖蛋白的 SDS-PAGE 电泳图

C1~C7：健康虫在第 12~144h 血淋巴蛋白电泳图，G1~G7：染病幼虫血淋巴蛋白电泳图，P1~P5：变化明显的蛋白带

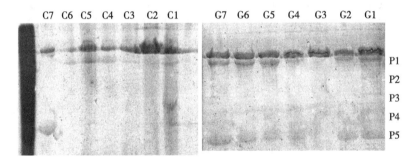

图 6-4 健康虫和感病虫血淋巴脂蛋白的 SDS-PAGE 电泳图

C1~C7：健康虫在 12~144h 血淋巴蛋白电泳图，G1~G7：染病幼虫血淋巴蛋白电泳图 P1~P5：变化明显的蛋白带

48~96h 的脂蛋白趋于变弱，但在第 120~144h 此带又增强。从上述结果可以看出：普通蛋白、糖蛋白和脂蛋白的变化十分相似。这可能暗示这些电泳图的各种蛋白，可能是这 3 种蛋白的混合蛋白，如果将蛋白进一步纯化，结果可能会更理想。

三、讨论

本研究结果表明，健康幼虫的蛋白含量变化趋势是：开始缓慢上升；第 72h 突然下降至最低点，至第 120h 急剧上升到最高点；第 144h 又快速下降。染病幼虫血淋巴总蛋白质含量的变情况与健康幼虫相似，只是在升降的时间上提前 24h，蛋白含量的变化幅度总体低于健康幼虫，只是在第 72~96h 高于健康幼虫，这是不同于前人的研究结论。研究认为：血淋巴总蛋白质含量突然升高，且高于同期健康幼虫的原因，是由于病毒侵入幼虫中肠上皮细胞，开始增殖，结合电镜观察结果，此时细胞核内有病毒发生基质形成，这样就产生了对寄主代谢的刺激，促使寄主代谢增强，以适应或对抗病毒的增殖，因此造成染病幼虫血淋巴蛋白含量急增并且高于寄主的正常含量。发生含量增高的时间早于健康幼虫，这是与病毒增殖的时间吻合的，病毒发生基质大量增殖的时间也是从第 72h 开始的。

血淋巴蛋白 PAGE 电泳结果表明，健康幼虫的糖蛋白、脂蛋白的蛋白泳带基本相似，而染病幼虫也同样如此，但是染病幼虫这 3 种蛋白与健康幼虫相比，只是其蛋白表达含量增多或减少的差异，未发现有新增的蛋白条带。正是这种血淋巴中所含蛋白质的不正常，影响了幼虫的正常发育，是幼虫出现感染症状的原因。

昆虫血淋巴蛋白质含量，不同种类之间差异较大，同种昆虫也受发育阶段、生理状态等因子影响。对于老龄幼虫，幼虫要大量进食增加营养，为进入蛹期储备物质和能量，是生长的旺盛期。此时病毒感染，必然对其血淋巴代谢产生影响。病毒蛋白的大量增殖必然会使机体代谢增强，消耗寄主的能源，进而表现出与同期健康幼虫不同的体征。

病毒感染幼虫，有抑制幼虫生长发育，有类似保幼激素的作用，而血淋巴蛋白质含量变化正是上述效应的结果，对成虫产卵、寿命等的影响则是这一效应的外在表现。病毒的侵染降低了幼虫生长盛期血淋巴蛋白质含量，导致了幼虫生理饥饿，激发幼虫取食行为，可能也是病毒处理组幼虫取食并不比健康幼虫减少的原因。另外，病毒促进了血淋巴中一些蛋白质的含量的表达，此类蛋白的功能有待进一步研究。

病毒对幼虫血淋巴蛋白质浓度有显著影响，但对血淋巴蛋白质浓度随日龄增加而升高的趋势并未改变，其影响只是对蛋白含量大小和增加速度快慢的影响。这表现在幼虫生长缓慢、反应失灵方面。

四、小结

感染早期，血淋巴蛋白含量增加缓慢，中期含量急剧上升，后期又快速下降。蛋白的变化趋势与健康幼虫相似，但是在蛋白含量上低于对照，蛋白发生变化在时间上早于对照 24h。

染病幼虫，在第 72~96h 血淋巴蛋白含量明显高于对照，这点与病毒在幼虫体内大量增殖相一致。在此时段内，病毒发生基质在幼虫中肠细胞核内大量形成，刺激幼虫代谢增强，使蛋白含量快速增加，高于幼虫正常代谢。

血淋巴普通蛋白 PAGE 电泳结果表明，染病后幼虫在第 72~96h 的 4 条蛋白带有明显变化，主要是有的蛋白含量高，有的蛋白含量低。可能是病毒刺激造成的结果。

血淋巴糖蛋白电泳揭示：在连续 6d 感染，可见有 7 条清晰的糖蛋白带，只是在感染的第 72~96h，在相当于普通蛋白的 P2、P3 位置的蛋白带含量很弱，其他变化不大。

脂蛋白电泳结果与糖蛋白相似，有 5 条清晰的脂蛋白带，同样在第 72~96h，在 P1、P2、P3 位置发生变化，蛋白表达微弱。

染病幼虫的蛋白含量和电泳结果提示，病毒的侵染，使幼虫蛋白含量和电泳条带发生变化，进而导致幼虫代谢增强及发育受阻。

第七章　HcNPV 对寄主种群的持续控制作用

利用昆虫病毒防治农、林和其他经济作物害虫，是近年来采用和发展起来的重要生物防治手段之一。在昆虫病毒的应用中，曲良建等[78-80]报道，NPV 侵染寄主后可以垂直传播后代。但有关昆虫病毒对寄主繁殖力的影响的报道较少，探讨病毒对寄主昆虫繁殖力的影响是十分必要的。美国白蛾核型多角体病毒（HcNPV）对寄主致病力强，利用前景广阔[118]。HcNPV 在美国白蛾的实验种群发生病毒流行病较普遍，尤其在高密度的种群中管理失当更容易发生。本试验的目的是测定寄主接种病毒后对其后代繁殖潜势的影响，并用分子生物学方法对病毒在种群中的传播进行了检测，为今后病毒制剂在田间的合理应用，以及病毒施用后对昆虫种群动态的影响提供依据。

一、材料和方法

（一）材料

1. 供试毒株与试虫

HcNPV 由中国林业科学研究院森林生态与环境保护研究所应用微生物研究室保存。美国白蛾采自河北省三河市及在室内用人工饲料饲养多代后作为供试虫源，幼虫人工饲料由上面应用微生物研究室提供。

2. 主要仪器及试剂

①PCR SYSTERM9700（美国应用生物有限公司）；②离心机 TGL（飞鸽牌）；③凝胶成像系统 Tanon2500（上海天能科技有限公司）；④电泳仪 FR250（复旦科技）；⑤超净台 VD-650（苏州净化设备有限公司）；⑥冰箱（-20~4℃）；⑦电子天平 MP4002（上海恒平科学仪器有限公司）；⑧水浴锅 DK-S24（上海精密设备有限公司）；⑨化学试剂：购自北京化学试剂公司。

（二）方法

1. HcNPV 的室内活化及纯化

取冰箱中保存的 HcNPV 病毒感染美国白蛾 4 龄幼虫，收集具有典型病毒症状的病死虫尸冰箱中冷冻保存，然后研磨匀浆冷冻虫尸，加水稀释后用

3 层纱布过滤，经差速和蔗糖梯度离心后双蒸水悬浮沉淀，即为纯化的病毒多角体。用血球计数板方法计数后贴上标签置 4℃冰箱中保存备用。

2. 带毒虫源的获取及传代

取活化后的 HcNPV 适量并将其稀释成 4.50×10^3 PIB/mL 和 4.50×10^4 PIB/mL 2 种含量，分别取 30μL 病毒稀释液均匀涂抹于养虫杯（Φ6.5cm×5.3cm）中人工饲料表面，待饲料表面阴干后分别接入美国白蛾 4 龄和 5 龄幼虫，每个养虫杯中接入试虫 20 头，每个处理 20 头，重复 3 次。另设无菌蒸馏水为空白对照，共计 5 个处理。分别统计不同处理的幼虫死亡率、化蛹率、羽化率、成虫寿命和雌虫产卵量等生物学参数，并将不同处理的成虫分别配对产卵进行室内传代饲养，以观察病毒对寄主的持续影响。

3. 雌雄虫带毒对寄主的影响

共设计感病雌虫和健康雄虫交配、健康雌虫和感病雄虫交配、感病雌虫和感病雄虫交配、健康雌虫和健康雄虫交配 4 个处理，每个处理重复 3 次，以观察雌雄成虫带毒与否对子代幼虫的影响。感病成虫均为美国白蛾 5 龄幼虫接毒后存活试虫。健康成虫为同代饲养未接毒试虫。

4. 健康成虫所产卵的不同处理

将健康美国白蛾成虫所产卵分别用无菌水、10%的甲醛溶液、无菌水配制的病毒液（1.80×10^5 PIB/mL）、10%甲醛溶液配置的病毒液（1.80×10^5 PIB/mL）进行处理，重复 3 次，观察并记录各处理卵孵化率、幼虫死亡率及化蛹率。

5. 感病成虫所产卵的不同处理

将感病美国白蛾成虫所产卵分别在无菌水和 10%甲醛溶液中浸泡 20min 后用无菌水漂洗 3 次，重复 3 次，观察不同处理对卵孵化率及幼虫死亡率的影响。

6. 病毒基因组的提取和纯化

将纯化的多角体病毒，按如下步骤进行基因组 DNA 的制备：

（1）纯化的多角体病毒样品（400μL）移入 1.5mL 离心管中，12 000r/min 离心 1min；沉淀悬浮于 200μL TE（pH 值 8.0）；

（2）等体积碱解液（pH 值 10.8），37℃碱解 4h（碱解至溶液清亮）；10% HAc 调 pH 值 7~8；

（3）12 000r/min 离心 5min，取上清，加 30μL 10%SDS 和 3μL（20mg/mL）蛋白酶 K（终浓度为：0.5%和 100μg/mL）；

（4）37℃水浴 3~4h；

（5）等体积酚：氯仿：异戊醇（25：24：1）抽提 3 次；

（6）等体积氯仿：异戊醇（24：1）抽提 1 次；

（7）加 3mol/L 醋酸钠溶液，加 2.5 倍体积的冰乙醇沉淀 DNA；-20℃沉淀 2h（或过夜）；

（8）12 000r/min 离心 10min（4℃），预冷的 75% 乙醇漂洗，风干后基因组 DNA 溶于 TE；-20℃贮存。

（9）用紫外分光光度计检测纯度并计算浓度，用琼脂糖电泳检测其完整性。

7. 样品总 DNA 的制备

取 F_0、F_1 代各 200 粒卵分别于研钵中，加入适量液氮研碎，然后加入缓冲液匀浆后离心，将离心沉淀物在细胞裂解液中裂解，最后用平衡酚抽提。具体方法见方法 6. 病毒基因组的提取和纯化。

8. 引物的合成与扩增

（1）引物合成。根据文献［182］设计的 HcNPV 多角体蛋白基因的 1对引物进行扩增，上游引物为 5′-AAACCTGGACCCGCTTTG-3，下游引物为5′-GAGTTGGTGTATTCGCTGTG-3，扩增片段大小为 281bp，由北京赛百盛生物有限公司合成。

（2）引物 PCR 扩增。

扩增：以 HcNPV 的 DNA（H1）为阳性对照，健康试虫蛹（ck）为阴性对照，水为空白对照，进行 PCR 扩增。PCR 扩增体系如下。

表 7-1 PCR 扩增体系

试剂名称	容量（μL）
10×PCR Buffer（Mg^{2+} 15μmol/L）	2.5μL
dNTPs（per 2.5mmol/L）	1.0μL
Forward primer（10 pmol/L）	1.0μL
Reverse primer（10 pmol/L）	1.0μL
Template DNA	1.0μL
Taq Polymerease（5U/μL）	0.4μL
ddH$_2$O	18.1μL
Total Volume	25.0μL

PCR 扩增程序为：94℃预变性 5min，94℃变性 30s，55℃复性 30 s，

72℃延伸 40s，30 个循环，循环结束后 72℃再延伸 7min，反应结束。

凝胶检测：

（1）50 倍 TAE 稀释成 1 倍，每 100mL 1 倍 TAE 缓冲液加入 1g 琼脂糖凝胶，配制 1%的凝胶。

（2）PCR 反应物中各加入 2μL 上样缓冲液（loding beffer）混匀，取 10~20μL 混合液上样。

（3）100~130V 电压，跑胶 30~50min，上样缓冲液到达 2/3 胶处停止电泳。

（4）取出胶，放入 EB 染色，20min 左右，紫外凝胶成像系统中观察结果。用 DNA Marker LD 100~2 000bp 作标准分子量。

9. PCR 检测带毒卵

将带毒 F_0、F_1 代的美国白蛾卵片用 10%甲醛浸泡 30min，用清水和灭菌水分别冲洗 3 次；分别提取的总 DNA，以其为模板，各取 1μL 进行 PCR 扩增，同时以健康虫的总 DNA 为阴性对照，扩增条件同上。

10. 数据分析

所有试验数据均用 SPSS 软件进行统计分析。

二、结果与分析

（一）病毒对亲代寄主的影响

从表 7-2 可以看出，美国白蛾感染病毒后，对亲代雌虫寿命无明显影响，但在蛹重和产卵量方面明显弱于健康成虫，而且感病雌虫的产卵期要略长于健康雌虫。

表 7-2　HcNPV 对亲代寄主的影响

处理 （PIB/mL）	接毒虫龄	卵期 （d）	雌虫寿命 （d）	产卵量	平均蛹重 （g）
$4.5×10^4$	5	9.24±1.00ab	11.52±1.18a	759.00±113bc	0.139±0.010b
	4	9.97±1.00be	12.42±1.34a	608.5±131.72b	0.124±0.017c
$4.5×10^3$	5	9.29±1.051bc	11.96±1.21a	692.00±102bc	0.149±0.010a
	4	8.73±2.08ab	11.59±2.56a	638.20±165.47b	0.134±0.012b
CK	4	8.28±1.07a	11.51±1.09a	871.00±97a	0.154±0.018a

注：表中平均值后面的小写字母表示多重比较（LSD）的结果，下同。

（二）HcNPV 对子代寄主的影响

HcNPV 经卵传到子代种群中后，除对卵孵化无明显影响外，对子代幼虫、雌虫产卵量和蛹重等均有显著影响（表7-3）。试验结果表明，HcNPV 经卵传播到子代种群中后，可导致子一代死亡率高达 50.79%，在子二代中也可达到 26.79%，从而有效减少后代种群发生数量，降低其危害。此外，HcNPV 可导致后代蛹重降低，产卵量明显减少。实验中还发现，无论是对寄主的直接致死作用，还是间接影响，对低龄幼虫接毒优于对高龄幼虫接毒，这对于利用 HcNPV 防治美国白蛾具有一定指导意义，即在幼虫低龄期喷洒 HcNPV 病毒，不仅能有效控制当代种群的数量，而且对后代种群的持续控制作用可能会更好。

表 7-3　HcNPV 对子代寄主的影响

传递代数	处理 （PIB/mL）	接毒虫龄	幼虫死亡率 （%）	平均蛹重 （g）	产卵量	卵孵化率 （%）
F_1代	4.5×10^4	5	44.94c	0.1298±0.0143b	702±172b	90.00a
		4	50.79d	0.1152±0.0229bc	674±99b	91.00a
	4.5×10^3	5	37.80b	0.1347±0.0183b	720±139b	85.33a
		4	38.59b	0.1192±0.0163bc	685±112b	87.00a
	CK	4	8.75a	0.1506±0.0118a	908±58a	96.00a
F_2代	4.5×10^4	5	21.27b	0.1324±0.0143b	717±104b	92.47a
		4	26.97b	0.1216±0.0126b	707±103b	92.89a
	4.5×10^3	5	18.14b	0.1348±0.0130b	829±177b	90.16a
		4	23.66b	0.1304±0.0121b	776±98b	93.13a
	CK	4	9.25a	0.1521±0.0090a	933±162a	93.53a

（三）带毒寄主性别对子代的影响

试验结果（表7-4）表明，美国白蛾雌雄成虫均带毒对子代影响最大，子一代幼虫死亡率高达 52.22%，远高于仅雌虫或雄虫带毒的处理。结果进一步表明，无论雄虫带毒还是雌虫带毒，对后代寄主均可产生显著影响，但带毒寄主性别在幼虫死亡率方面无显著差异。另外，成虫带毒与否均不影响卵的孵化，也就是说，HcNPV 对后代寄主卵的孵化无影响。

表 7-4　美国白蛾成虫不同性别带毒对子代的影响

处理	孵化率 （%）	幼虫死亡率 （%）
IM×HF	94.43a	35.87b

（续表）

处理	孵化率 （%）	幼虫死亡率 （%）
IF×HM	92.09a	37.15b
IM×IF	89.14a	52.22c
HF×HM	96.11a	9.00a

注：IM，染病雄成虫；IF，染病雌成虫；HM，健康雄成虫；HF，健康雌成虫。

（四）HcNPV 经卵表的传播

美国白蛾成虫所产卵经 10%甲醛溶液消毒后，可明显提高幼虫存活率及化蛹率，试验中美国白蛾健康成虫产的卵经 10%甲醛处理后，幼虫死亡率最低，仅为 9.38%，明显低于其他处理，而卵孵化率和幼虫化蛹率均高于其他处理。用 10%甲醛配置的病毒液（1.8×10^5 PIB/mL）去感染美国白蛾卵，幼虫死亡率与无菌水对照之间无明显差异（表 7-5），这说明 10%甲醛溶液对 HcNPV 的多角体具有明显的灭活作用，能够有效消除病毒多角体的活性。试验数据进一步证实了 HcNPV 不仅能够通过卵表带毒对寄主造成直接致死作用，而且对带毒寄主的化蛹等具有明显的抑制作用。

表 7-5　甲醛溶液和无菌水处理健康美国白蛾卵对传毒的影响

处理	孵化率（%）	幼虫死亡率（%）	化蛹率（%）
无菌水	89.37a	13.75a	64.44a
10%甲醛溶液	90.37a	9.38b	83.58b
无菌水配置的病毒液	86.93a	56.25c	14.00c
10%甲醛溶液配置的病毒液	89.23a	15.00a	68.86a

（五）不同处理对感病成虫所产卵的孵化、幼虫死亡的影响

表 7-6 中数据说明，感病美国白蛾成虫所产的卵经 10%甲醛溶液进行卵表消毒后，能够明显减少孵化幼虫的死亡率，这与用无菌水浸泡冲洗和不作任何处理存在显著差异，但是，带毒卵经 10%甲醛溶液处理后，孵化幼虫的死亡率仍高达 31.88%，这说明美国白蛾核型多角体病毒除进行卵表传播外，可能还存在其他传播途径，如卵内传播和潜伏感染等。同时，试验数据表明不同处理对美国白蛾卵的孵化无明显影响。

表 7-6　不同处理对带毒美国白蛾所产卵片传毒的影响

处理	孵化率（%）	幼虫死亡率（%）
10%甲醛溶液	89.27a	31.88b
无菌水	88.48a	47.50a
无任何处理	83.92a	53.68a

（六）病毒基因组 DNA 电泳结果

图 7-1 为病毒基因组 DNA 电泳图。条带明亮、清晰，表明提取的基因组 DNA 比较理想。

（七）病毒基因组 DNA 的 PCR 扩增

图 7-2 所示 PCR 扩增产物电泳图。图中显示根据设计的引物扩增出的 PCR 产物。在约 280bp 处有一明显亮带，与乔鲁芹[182]试验结果相同，说明扩增出的产物为 HcNPV。

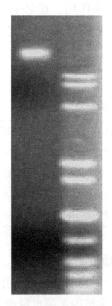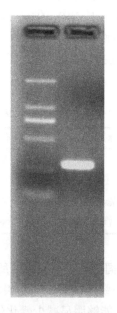

图 7-1　病毒基因组 DNA　　**图 7-2　HcNPV 基因组核酸 PCR 扩增产物**

M：Marker；1：基因组　　　　　　M：Marker；1：扩增产物

（八）对美国白蛾卵的检测结果

分别以带毒的美国白蛾当代和次代卵总 DNA 为模板，进行 PCR 扩增，扩增产物经 1% 琼脂糖电泳后如图 7-3 所示。在 4 和 5 泳道接近 280bp 处有一条明显的扩增带，而从健康美国白蛾的总 DNA 中没有扩增出任何片段。说明带毒的卵中有病毒感染。所有阴性对照标本均未见扩增带。

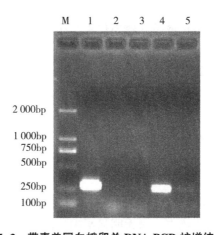

图 7-3　带毒美国白蛾卵总 DNA PCR 扩增结果

M：Marker；1；1：阳性对照；2：健康蛹；3：清水；4：当代卵；5：F$_1$ 代卵

三、讨论

昆虫核型多角体病毒对鳞翅目幼虫具有很高的致病力，是昆虫病毒种类中最具潜力者，也是研究应用最广泛的一类[183]，关于其传播途径和持续控害一直是专家和学者们关注的问题。昆虫核型多角体病毒（Nuclear polyhedrosis virus，NPV）能够通过卵实现病毒的垂直传递，从而影响到子代种群，这一观点已被试验证实并被国内外专家和学者接受[74-80]，但关于 NPV 卵表传播和卵内传播问题上，目前存在的争议较大。多数人认为，NPV 主要通过卵表污染而实现病毒的垂直传播，且环境因素占主导地位，而由母体直接传给子代（即卵内传播）的只占极少部分。如国外许多研究人员对不同夜蛾科幼虫饲喂接毒饲料，羽化成虫产的卵即使经过严格的卵表消毒，仍有极少部分（2%）幼虫发生病毒死亡[74-77]。但也有部分学者认为，NPV 是以某种未知的形式存在于亲代和子代体内，外界条件可以诱发病毒病的发生和流行。如 Hughes 和 Possee 用异源病毒感染甘蓝夜蛾（*Mamestra brassicae*）幼虫，结果激活了虫体内甘蓝夜蛾核型多角体病毒（MbNPV）的复制[81]，而 Fuxa 等也通过一系列湿度和虫口密度的变化实验，为 NPV 的卵内传播提供了有力的证据[82-86]。本试验证实，美国白蛾核型多角体病毒可通过卵内传递给子代，与上面的研究者的结论一致。

笔者认为，虽然 NPV 可通过卵表和卵内两种途径进行垂直传递，至于哪种传播途径为主要传播方式，却因寄主、NPV 病毒和环境因素等而稍有差异，病毒、寄主和环境之间的互作关系对 NPV 的传播可能存在某些影响，卵表传播和病毒的水平扩散是导致当代寄主病毒病死亡的主要原因，卵内带毒可使寄主种群长期处于某种"不稳定"或"亚健康"状态，一旦环境条件成熟，极有可能导致病毒病的发生和流行而使种群数量急剧下降。当然，上述观点只是一些推测和猜想，还有待大量的试验数据进一步去验证。

四、小结

美国白蛾核型多角体病毒对寄主的种群有持续控制作用，不仅对当代寄主有致弱作用，而且对后代的繁殖和生长发育有一定的后效作用。主要有如下的研究结果：

HcNPV 感染寄主幼虫后，与健康雌虫相比，使亲代雌虫的蛹重减轻、产卵量减少，但对亲代雌虫寿命无明显影响，而且感病雌虫的产卵期要略长于健康雌虫。存活试虫可以正常繁殖。

HcNPV 经卵传到子代种群中，可导致子一代死亡率高达 50.79%，在子二代中也可达到 26.79%，从而有效减少后代种群发生数量，降低其危害。同时，HcNPV 可导致后代蛹重降低，产卵量明显减少。

HcNPV 能够通过卵表带毒对寄主造成直接致死作用，同时对带毒寄主的化蛹等具有明显的抑制作用；10% 甲醛溶液对 HcNPV 的多角体具有明显的灭活作用，可以作为室内人工饲养试虫的有效的消毒剂。

美国白蛾雌雄成虫带毒对子代幼虫的致死率，明显高于仅雌虫或雄虫带毒的处理；但带毒寄主性别在幼虫死亡率方面无显著差异；同时成虫带毒对后代寄主卵的孵化无明显影响。

对 HcNPV 感染寄主后的当代、次代卵的总 DNA 进行 PCR 检测，发现特异性条带，说明 HcNPV 在寄主种群中经卵内传播。这从 DNA 分子水平上证实了病毒的垂直传播。

第八章　HcNPV 在美国白蛾幼虫中连续传代的研究

美国白蛾核型多角体病毒对寄主昆虫具有较强的毒杀作用，在生物防治中发挥了重要的作用，成为生物防治的重要杀虫资源。经过多年的田间应用，其病毒的毒力、致病性等是否发生了变化，是许多昆虫病毒工作者关注的问题[98]。病毒毒力是衡量和评价病毒杀虫剂的基本指标，而其毒力又与病毒的基因组变化密切相关。本章对 HcNPV 多角体在美国白蛾体内连续继代后的毒力、基因组、病毒粒子蛋白等的变化进行了分析比较，这不仅对昆虫病毒分子遗传学方面具有指导意义，而且对于病毒杀虫剂的生产和生物防治实践也具有普遍的指导价值。

一、材料与方法

（一）材料

美国白蛾核心多角体 HcNPV 由中国林业科学研究院森林生态环境与保护研究所应用微生物研究室保存。

美国白蛾采自河北省三河市及在室内用人工饲料饲养多代后作为供试虫源，幼虫人工饲料由上面应用微生物研究室提供。

（二）方法

1. 美国白蛾核型多角体病毒继代的方法

用一定浓度的多角体（2.0×10^7 PIB/mL）悬液添食感染幼虫，数天后将感染的虫尸或病虫匀浆过滤，蔗糖梯度离心提纯多角体，以 PBS 配成悬液，添食浓度与前一次大体相同，然后感染新的一批健虫，方法同前。如此重复感染 7 批幼虫，这样多角体在寄主体内连续继代 7 次，每次继代后的病毒均配成基本相同的感染浓度等级，用于病毒毒力测定实验。

2. 美国白蛾核型多角体病毒感染与毒力测定

不同继代数的病毒感染剂量大致相同，各代感染浓度为 3.6×10^7 PIB/mL，3.6×10^6 PIB/mL，3.6×10^5 PIB/mL，3.6×10^4 PIB/mL，3.6×10^3 PIB/mL，各代感染的美国白蛾幼虫分为 5 个剂量组，每组供试虫数为 60 头，60 头虫随机分为 3 小组，设一组无菌双蒸水作为对照。接毒方法同段彦丽[191]。

3. 各代病毒多角体的纯化

各病毒材料分别感染美国白蛾健康幼虫，收集典型病死虫匀浆。具体方法同段彦丽[191]。

4. 扫描电镜样品的制备

多角体悬液用 2.5%戊二醛预固定，过夜—酒精梯度脱水—放入叔丁醇—喷金 180s—S-3400N 扫描电镜观察多角体外部形态特征。

5. 病毒粒子结构多肽的提取

分别取 HcNPV 各传代的多角体悬液 400μL，12 000r/min 离心 1min，弃上清，将多角体用 200μL TE（pH 值 7.4）悬浮，再加入 200μL 碱解液（pH 值 10.8），于 1℃冰浴作用 15~20min（使多角体蛋白溶解），0.5mol/L 乙酸调至 pH 值 8.0，5 000r/min，5℃，离心 1min，去除未碱解物，上清液 25 000r/min，5℃离心 1h（上层为黄色清晰的多角体蛋白），取沉淀，悬浮于 TE（pH 值 7.8），用 30%~60%蔗糖密度梯度 25 000r/min 离心 1.5h，收集白色病毒粒子带（在 45%~55%处），用 TE（pH 值 7.8）洗 2~3 次，TE 悬浮。

6. 病毒粒子结构多肽的 SDS-PAGE

（1）凝胶的灌制。配置分离胶 20mL，依次混合各成分后加入催化剂 TEMED，立即混匀并灌胶，封一层 0.1%SDS 覆盖液面，37℃下聚合 30min。聚合完后排净凝胶上方的液体。以同样方法灌浓缩胶，插入梳子，避免产生气泡。

（2）上样及电泳。取病毒粒子悬液 10μL，添加等体积的加样缓冲液，电极缓冲液为 Tris-甘氨酸。各样品上样前 100℃水浴煮沸 3~5min 变性。离心，冷却。用微量注射器上样，采用不连续 SDS-PAGE 系统电泳。浓缩胶浓度为 5%，用 150V 电压，分离胶浓度为 12%，用 180V 电压电泳。电泳至溴酚蓝距底部 1~2cm 时终止电泳。

7. 基因组 DNA 的提取

病毒基因组的提取及纯度鉴定方法同段彦丽[192]。

8. 病毒核酸的限制性内切酶分析

（1）病毒 DNA 的限制性内切酶消化。分别用核酸内切酶为 EcoR Ⅰ、Pst Ⅰ、Bgl Ⅱ、Pvu Ⅱ四种酶消化基因组 DNA。酶切和电泳具体方法进行。取无菌三蒸水 15μL，加入 10 倍反应缓冲液 2μL，基因组 DNA 2μL 再加 1μL 限制性内切酶，37℃消化 4h 后，取少量酶切反应液，加 1/6 上样缓冲液，进行微型凝胶电泳检测。待电泳观察酶切反应完全后，将反应液加入

1/10 体积的 loading buffer 终止酶切反应。

（2）病毒 DNA 的酶切片段凝胶电泳。采用琼脂糖水平平板凝胶电泳。选择 0.8% 浓度的琼脂糖凝胶，琼脂糖中加入 0.5 倍 TBE 熔化后铺平板。电泳样品中加入 1/6 体积凝胶上样缓冲液，电泳缓冲液为 0.5 倍 TB Ebuffer。电压 100V，电流 25mA。以入 DNA/Hind Ⅲ +EcoR Ⅰ 双酶切为分子量标准。电泳 4h 左右，电泳完毕后，在紫外灯下观察，扫描照相。

9. 观察和数据处理

感染 24h 后逐一检查试虫吃料情况，再加入新鲜饲料，随后每天记录幼虫病毒病症死亡的情况，试验观察 8d 全部结束，用常规数理统计方法算出每组死亡率（指校正死亡率），进而分别求出感染浓度、感染时间与死亡率的直线回归方程，计算 LC_{50} 与 LT_{50} 及其 95% 置信限。

二、结果与分析

（一）传代病毒致死浓度的比较

将经过每次传代后的病毒多角体均配成五种剂量（如前所述），不同传代数的病毒剂量等级相同，然后进行毒力测定，在求出各代病毒的剂量与死亡率之间的回归方程后，求出各自的 LD_{50}，结果见表 8-1。

表 8-1　不同传代次数的 HcNPV 的感染浓度比较

传代数	毒力回归	半数致死浓度 LC_{50}	95% 置信限	
			下限	上限
0	y=−1.90313+0.37580x	$1.16×10^5$	$3.30×10^4$	$3.15×10^5$
1	y=−1.92552+0.35697x	$2.48×10^5$	$7.49×10^4$	$7.20×10^5$
2	y=−2.98731+0.52420x	$5.00×10^5$	$2.23×10^5$	$1.09×10^6$
3	y=−2.85929+0.53677x	$2.12×10^5$	$9.28×10^4$	$4.46×10^5$
4	y=−2.37403+0.43230x	$3.10×10^5$	$1.17×10^5$	$7.66×10^5$
5	y=−2.31926+0.42050x	$3.28×10^5$	$1.21×10^5$	$8.31×10^5$
6	y=−2.90438+0.50719x	$5.33×10^5$	$2.33×10^5$	$1.20×10^6$
7	y=−2.60286+0.46957x	$3.49×10^5$	$1.42×10^5$	$8.13×10^5$

根据上述所得回归方程，LC_{50} 值结果，可看出原始病毒 NPV 对美国白蛾四龄初幼虫的毒力最高，而各代的 HcNPV 随着增殖代数的增加，其对美国白蛾幼虫的毒力有明显下降的趋势。比较各代病毒的 LC_{50}，第 1~7 代致死中浓度分别是原始病毒的 1.83~4.6 倍，第 1、3、4、5、7 代均基本在同一浓度剂量，为原始病毒的 1.8~3.0 倍，而第 2、6 代为原始病毒的 4.3~

4.6 倍，原始毒株的毒力最大，传代后的毒力均有下降，但是对 LC_{50} 进行 LSD 多重比较，各代病毒无明显差异。因此，尽管病毒在寄主体内传代时，寄主可能对病毒的适应性逐渐增强，使病毒的毒力有下降趋势，但各代间毒力未表现出明显差异。这也暗示，随着代数的增加，毒力的下降趋势逐渐就会表现出明显的差异。若想增强其病毒毒力，需用替代寄主增殖病毒，可能有益于病毒毒力的保持和提高，而不能连续用原寄主增殖病毒。

（二）传代病毒的半数死亡时间的比较

传代后的 HcNPV 取其最高剂量 $3.6×10^7 PIB/mL$ 感染健虫，逐日观察病毒感染后幼虫的累积死亡数。至感染后 8d 全部结束。这样得到各代病毒感染幼虫的 LT_{50} 变化值（表 8-2），结果表明：传代 7 次的 LT_{50}，第 1、3、5 代病毒的半数致死时间略有延长，而第 2、4、6、7 代略有缩短，由此可得出结论：HcNPV 在寄主昆虫内的连续传递 7 代过程中，毒力变化不明显。这与上面的 LC_{50} 得出的结果基本一致，因此，对毒力的衡量标准，应以 LC_{50}、LT_{50} 进行全面比较才能客观合理地得出结论。尽管各代 HcNPV 的 LC_{50}、LT_{50} 随着继代变化不完全相同，仍可以推测，病毒的传代遗传学行为随着代次数的增加而逐渐会出现差异。

表 8-2　不同传代代数的病毒半数致死时间的比较

传代数	回归方程	LT_{50}/d	95%置信限	
			上限	下限
0	$y=-9.1110+11.3469x$	6.35	6.08	6.62
1	$y=-9.2395+11.2879x$	6.58	5.96	7.25
2	$y=-9.7070+12.3163x$	6.14	5.12	7.04
3	$y=-8.5957+10.6073x$	6.46	6.18	6.75
4	$y=-7.4819+9.5582x$	6.06	5.46	6.62
5	$y=-7.5104+9.2859x$	6.44	5.8	7.15
6	$y=-8.7169+11.3679x$	5.85	4.34	7.01
7	$y=-6.0482+7.6331x$	6.20	5.86	6.55

（三）病毒的电镜观察

将进行传代的原始毒株和第 7 代毒株进行扫描电镜观察，结果如图 8-1、图 8-2 所示。观察结果表明，第 7 代传代病毒多角体，在形态和大小方面与原始毒株没有明显差别。多角体形状多为正三角形，也有四边形、正六边形、不规则等多种形状。多角体直径平均 1.49μm，最大 1.82μm，多数核型多角体病毒多角体直径一般在 2~3μm，可见 HcNPV 的多角体比较小，多角体表面比较光滑平整，有的有凹窝。

图 8-1　原始毒株

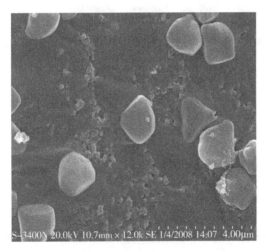

图 8-2　第 7 代毒株

（四）病毒粒子结构多肽的比较

各传代病毒的病毒粒子结构多肽经 12% SDS-PAGE 分析，所得图谱见图 8-3。各组分分子量列于表 8-3。结果表明病毒传代 7 次后，第 3 代、第 7 代病毒粒子结构多肽的带型有一条带与原毒株不同，第 5 代与原毒株相同。第 3、第 7 代比原始毒株多出了 38.0kD、一个片段，并且第 3 代的这个片段含量比第 7 代大。说明病毒传代后，其病毒粒子结构多肽组成略有变化。

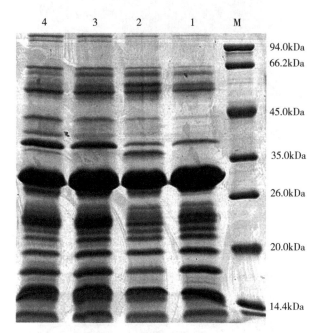

图 8-3　传代毒株病毒粒子结构多肽的 SDS-PAGE 图谱

注：M：Marker；1：F_0；2：F_3；3：F_5；4：F_7。

表 8-3　传代毒株病毒粒子结构多肽不同片段分子量（kD）

多肽编号	传代毒株分子量			
	H_0	H_3	H_5	H_7
A	39.2	39.2	39.2	39.2
B	—	38.0	—	38.0
C	31.5	31.5	31.5	31.5

（五）基因组酶切

用 BGⅡ、EcoRⅠ、PSTⅠ、PVUⅡ分别消化原始和传代毒株，经 0.7% 琼脂糖凝胶电泳，所得图谱见图 8-4、图 8-5、图 8-6、图 8-7。各片段的分子量见表 8-3。各传代毒株经 BGⅡ、PSTⅠ、PVUⅡ消化有完全相同的限制性酶切片段。而 EcoRⅠ酶切后第 3 代比其他各代毒株多两条酶切片段，大小约为 19.2 kb 和 14.8 kb（表 8-4）。

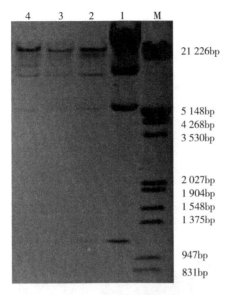

图 8-4　基因组限制性内切酶图谱（BG Ⅱ）

注：M：Marker；1：F_0；2：F_3；3：F_5；4：F_7

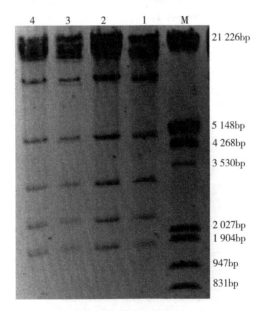

图 8-5　基因组限制性内切酶图谱（ECOR Ⅰ）

注：M：Marker；1：F_7；2：F_5；3：F_3；4：F_0

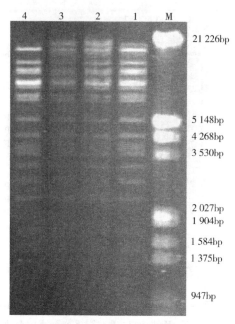

图 8-6　传代毒株基因组限制性内切酶图谱（PST I）

注：M：Marker；1：F_7；2：F_5；3：F_3；4：F_0

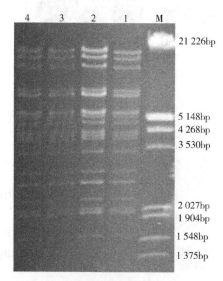

图 8-7　基因组限制性内切酶图谱（PVU II）

注：M：Marker；1：F_0；2：F_3；3：F_5；4：F_7

表 8-4　传代毒株基因组限制性酶切不同片段（kb）

酶切片段 ECOR I	传代毒株			
	F_0	F_3	F_5	F_7
A	—	19.2	—	—
B	—	14.8	—	—

三、讨论

昆虫病毒的遗传学研究从不同角度和不同水平阐明无论是核型多角体病毒还是质型多角体病毒都存在普遍的变异现象[98]。昆虫病毒在寄主内的继代可产生一定的变异，这些变异和病毒基因组的变化有关，如家蚕 CPV 的多角体在寄主幼虫体内继代 3 次后出现较多的畸形包涵体[184]，NPV 中包埋类型的单粒包埋病毒（SEV），空斑形态中的 FP 型空斑。可见，对遗传物质 DNA 的深入研究，有助于了解昆虫病毒的遗传规律，对基因工程病毒杀虫剂的基础理论和实践有重要意义。

多项研究证实，病毒在活体替代寄主中连续传代时的毒力常会有所增加，AcNPV 在小菜蛾中连续传 20 代后，其毒力提高 15 倍[185]；棉铃虫 *Helicoverpa armigera* NPV（HaNPV）、刺金翅夜蛾尺 *Rachiplusia ou* NPV（RoNPV）、苜蓿银纹夜蛾 *Autographa californica* NPV（AcNPV）、粉纹夜蛾 *Trichoplusia ni* NPV（TnNPV）等在替代寄主甜菜夜蛾或斜纹夜蛾幼虫中连续传代后，对替代寄主的毒力也是有所增加，但是对原寄主的毒力却下降[73]。本研究表明，对本室保存的 HycuNPV 在美国白蛾种群中继代 7 次，各代毒株对寄主幼虫的毒力有下降的趋势，但未表现出明显差异。此结果与徐旭士[186]研究的 HaNPV 传代 10 次后毒力变化不明显不完全相同。分析其原因，可能是因为所用的寄主不同造成。虽然 HycuNPV 和 HaNPV 都为核型多角体病毒，但在分类上，因其多角体蛋白和 DNA 多聚酶蛋白的序列的不同，它们分属于 GroupI 和 GroupII[23,24]。另外可能是实验者所用的虫龄、剂量、健康状况、试验条件等不完全相同。

本研究结果表明，HycuNPV 的继代遗传学行为存在一些差别。第 3、第 7 代的病毒粒子结构多肽比原始病毒多一条带，蛋白含量第 3 代高于第 7 代。EcoR I 酶切后第 3 代比其他各代毒株多两条酶切片段，可见在传代过程中，虽然各代毒力变化未见明显差异，但在蛋白和基因组片段上出现差异。这些差异可能的原因是：在病毒与寄主的互作体系中，因连续在虫体内传代，病毒基因组出现 DNA 片段的缺失或插入，或者产生随机性点突变，改变了酶的识别序列。第 3 代基因组的不同导致其病毒粒子结构多肽的差异。若增加的蛋白为调控因子，将会增强和抑制该蛋白的表达进而引起这些蛋白含量的变化。第 7 代的基因组图谱未见变化，但其病毒粒子多肽有新增条带，可能是样品本身具有特异性条带，但因浓度太低未能表现在图谱中；同样可以理解其病毒粒子多肽的含量低可能与调控因子表达较弱有关。总之，基因组的改变，导致其酶切图谱改变，进而引起蛋白种类和含量的变化，表现在 SDS-PAGE 分析图谱上。

四、小结

本研究通过对病毒继代后，从病毒及寄主的角度揭示病毒传代后，其毒力及病毒基因组及蛋白的生物学特性的变化的规律。总结如下。

病毒在寄主体内继代 7 代后，观察其病毒多角体和病毒粒子形态，结果表明，第 7 代与原始病毒比较，其多角体形态和大小未见明显变化，病毒粒子为单粒和多粒包埋。

传代病毒的毒力测定表明，各代毒力随传代次数的增加呈下降的趋势，但生物统计未表现出明显差异；各代 LT_{50} 无明显差异，为 6d 左右。

病毒粒子结构多肽 SDD-PAGE 电泳结果表明，第 3 代、第 7 代在相同位移都有一新增的蛋白片段，且第 3 代的蛋白含量明显高于第 7 代。

病毒基因组限制性酶切，提示各代病毒基因组经 4 种内切酶切后，未见有明显变化。

第九章　HcNPV 不同分离株形态、毒力及基因组的比较研究

昆虫病毒杀虫剂在害虫生物防治中占有着越来越重要的地位，多种生物杀虫剂已经注册，在大田中大规模推广应用。伴随商品化生产和大面积推广病毒制剂，迫切需要解决病毒的标准化、各项指标检测及病毒变异等问题。

核型多角体病毒（NPV）和颗粒体病毒（GV）在自然界中广泛存在多种分离株，同种病毒不同分离株往往在致病性和作用速度上存在差异[134]。在不同分离株致病力比较方面的研究往往只是关注了病毒对寄主的致病力差异，未涉及不同分离株病毒毒力差异的遗传学分析，并且对寄主地理种群之间的关系也未见报道。而上述这些方面的研究可为充分发掘利用昆虫病毒不同分离株多态性提供重要依据。从分子生物学角度来探讨昆虫病毒的分类指标，利用限制性内切酶图谱就是一种很好的办法，各种多角体和颗粒体病毒，从形态上是无法区别的，只有通过限制性内切酶图谱分析才能将它们区分开来。本章从形态结构、生物活性、结构多肽、核酸限制性内切酶图谱等方面对美国白蛾核型多角体病毒（HcNPV）不同分离株进行了比较研究。目的在于揭示不同分离株多角体病毒的差异原因，并确定病毒毒力的不同，是否与遗传物质的差异有关，从而为深入了解杆状病毒的感染机制，构建高毒力重组毒株提供有价值的资料。

目前尚无对美国白蛾和多角体病毒不同分离株研究的报道，对其进行深入的研究，可以为研究针对美国白蛾的生物杀虫剂开辟新的途径；可以丰富杆状病毒家族的成员，研究其与其他杆状病毒的进化关系；可以研究其对寄主的致病性及交叉感染情况，找出该病原的流行规律。

一、材料与方法

（一）材料

供试病毒：HcNPV（D-4、D-5、D-6、D-7）为中国科学院动物所秦启联博士惠赠，HcNPV（ZH）为中国林业科学研究院森林生态环境与保护研究所应用微生物研究室保存。

美国白蛾 采自河北省三河市及在室内用人工饲料饲养多代后作为供试

虫源，幼虫人工饲料由上面应用微生物研究室提供。

供试虫：美国白蛾四龄初幼虫。

（二）方法

1. 美国白蛾幼虫的饲养

方法同段彦丽[191]。

2. HcNPV 多角体的虫体增殖、纯化

以 HcNPV 多角体病毒不同分离株以饲毒法分别感染美国白蛾 4 龄初健康幼虫，分别收集被 NPV 感染后死亡的典型虫尸。增殖、纯化的方法同段彦丽[191]。

3. 各分离株的毒力测定

设五个感染剂量处理，感染剂量为 $1.0×10^7$ PIB/mL，$1.0×10^6$ PIB/mL，$1.0×10^5$ PIB/mL，$0.5×10^5$ PIB/mL，$1.0×10^4$ PIB/mL，$0.5×10^4$ PIB/mL，$1.0×10^3$ PIB/mL，毒株不同剂量略有差异。每个处理 3 个重复，每个重复接试虫 30 头，共 90 头，同时另设一组清水对照。饲料接毒方法同段彦丽[191]。感染后第三天起检查病毒感染死亡数，第 8 天结束试验。死亡率在 15%~85% 的处理作数理统计。用 SPSS 软件分析各毒株的死亡概率值，微机作图，求出回归方程及各自的 LC_{50}、LT_{50} 及其 95% 的置信限。

4. 扫描电镜样品的制备

方法同第八章方法 4. 扫描电镜样品的制备。

5. 透射电镜样品的制备

分别取提纯的不同分离株的多角体沉淀→用 2.5% 戊二醛预固定 2h→0.1mol 磷酸缓冲液漂洗，4 次，10min/次→1% 的锇酸固定 2h→0.1mol 磷酸缓冲液漂洗，3 次，10min/次→经梯度丙酮脱水，各 20min→环氧树脂 SPURR 包埋→聚合，7~8h→LEICAUC6I 切片机切片→醋酸双氧铀 30min，柠檬酸铅双染色 10min→JEM-1230 透射电镜下观察多角体面内包埋病毒粒子特征。

6. 病毒粒子结构多肽的提取

方法同第八章方法 5. 病毒粒子结构多肽的提取。

7. 病毒粒子结构多肽 SDS-PAGE

方法同第八章。

8. 病毒基因组 DNA 的提取

病毒基因组的提取方法同段彦丽[191]。

9. 病毒基因组 DNA 的限制性内切酶分析

方法同第八章方法 8. 病毒核酸的限制性内切酶分析。

二、结果与分析

通过生物测定，了解不同毒株的毒力大小；超薄切片的制作，在扫描电镜下观察不同毒株的外部形态特征，在透射电镜下可以观察其病毒粒子的包埋状况；病毒基因组酶切和病毒粒子结构多肽电泳分析病毒核酸的变化。

（一）不同分离株致死浓度的比较

将不同毒株的病毒多角体均配成 5 种剂量（如前所述），不同毒株的病毒剂量等级相同，然后进行毒力测定，在求出各代病毒的剂量与死亡率之间的回归方程后，求出各自的 LC_{50}，结果见表 9-1。

表 9-1　不同毒株的感染浓度比较

毒株	半数致死浓度 LC_{50}	95%置信限		回归方程
		下限	上限	
D-4	$3.10×10^5$	472 933	703 396	$y=1.964+0.527x$
D-5	$5.5×10^5$	479 844	641 062	$y=2.282+0.495x$
D-6	$2.21×10^6$	1 573 621	3 098 133	$y=1.289+0.585x$
D-7	$9.12×10^4$	47 555	174 904	$y=2.381+0.528x$
ZH	$5.77×10^5$	176 319	544 127	$y=0.911+0.698x$

根据表 9-1 的毒力回归方程式及 LC_{50} 值，说明 HcNPV（D-7）对美国白蛾四龄初幼虫的毒力最高，其他毒株的毒力大小依次为 D-4、D-5、ZH、D-6，其中 D-6 毒力最小。

（二）不同分离株的半数死亡时间的比较

不同分离株的 HcNPV 取其最高剂量感染健虫，逐日观察病毒感染后幼虫的累积死亡数。至感染后 8d 全部结束。这样便得到不同毒株病毒感染幼虫的 LT_{50} 变化值，结果见表 9-2。由表可知，五种毒株中 D-7 的 LT_{50} 值最小为 4.8d，ZH 为 5.7d，而 D-4、D-5、D-6 的 LT_{50} 值依次为 6.0d、6.3d、6.1d，差别不大。由此可得出结论：HcNPV 的不同分离株毒力大小不同，其中 D-7 的毒力最大，其 LC_{50} 和 LT_{50} 的值最小，明显小于其他 4 种分离株，说明 D-7 毒株在致死浓度和半数致死时间上都优于其他毒株，可作为高毒力毒株进行深入研究。

表 9-2　不同毒株半数死亡时间的比较

病毒毒株	回归方程	LT_{50}/d	95%置信限	
			下限	上限
D-4	$y=-7.8986+10.1158x$	6.0	5.4	6.7
D-5	$y=-8.1455+10.1802x$	6.3	5.7	7.0
D-6	$y=-5.8698+7.4563x$	6.1	5.6	6.7
D-7	$y=-3.4484+5.0423x$	4.8	4.5	5.1
ZH	$y=-6.8529+9.0620x$	5.7	5.3	6.1

（三）不同分离株多角体电镜观察结果

（1）原始毒株电镜照片见图 8-1，从扫描电镜照片显示（图 9-1、图 9-2、图 9-3 和图 9-4），五种分离株具有基本相同的多角体形态，以三角形为主，还有正五边形、四边形、六边形和不规则形状，多角体表面有的光滑，有的呈现层状，个别有杆状凹窝，其大小在（1.12～2.21）μm× 1.3μm×2.47μm，其中 D-7 多角体略大些，平均为 1.7μm×1.9μm；ZH 多角体稍小些，1.4μm×1.3μm 多角体表面有凹坑。

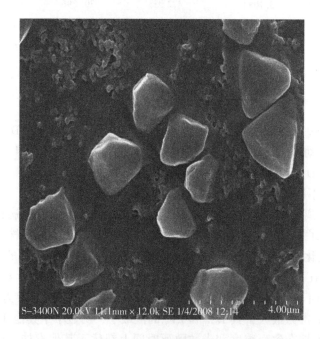

S-3400N 20.0kV 11.1mm × 12.0k SE 1/4/2008 12:14　　4.00μm

图 9-1　D-4 株扫描电镜图（× 1.2k）

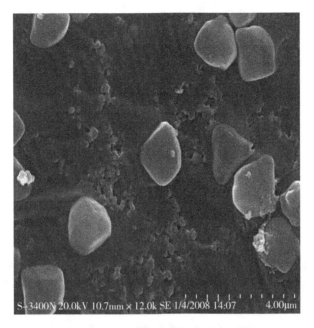

图9-2　D-5株扫描电镜图（×1.2k）

图9-3　D-6株扫描电镜图（×1.2k）

图 9-4　D-7 株扫描电镜图（×1.2k）

（2）透射电镜观察（图 9-5，图 9-6，图 9-7，图 9-8，图 9-9）。透射电镜看出：各毒株有单粒包埋型，也有多粒包埋型，病毒粒子为杆状，囊膜中包含的核衣壳数为 1~12 个。

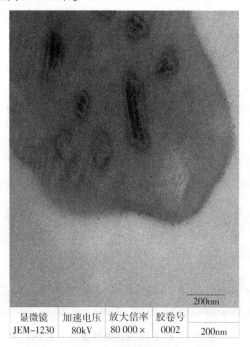

显微镜	加速电压	放大倍率	胶卷号	
JEM-1230	80kV	80 000 ×	0002	200nm

图 9-5　D-4 株透射电镜图（×80k）

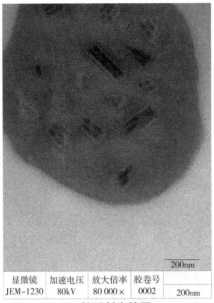

显微镜	加速电压	放大倍率	胶卷号	
JEM-1230	80kV	80 000×	0002	200nm

图 9-6 D-5 株透射电镜图（×80k）

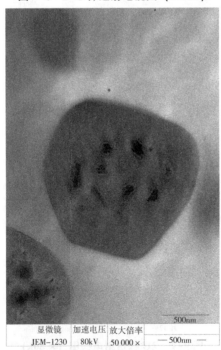

显微镜	加速电压	放大倍率	
JEM-1230	80kV	50 000×	— 500nm —

图 9-7 D-6 株透射电镜图（×50k）

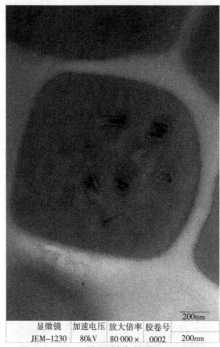

显微镜	加速电压	放大倍率	胶卷号	
JEM-1230	80kV	80 000×	0002	200nm

图 9-8　D-7 株透射电镜图 （×80k）

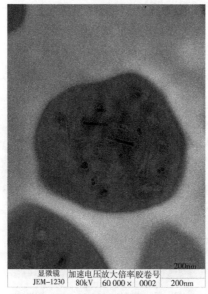

显微镜	加速电压	放大倍率	胶卷号	
JEM-1230	80kV	60 000×	0002	200nm

图 9-9　ZH 株透射电镜图 （×60k）

（四）病毒粒子结构多肽的比较

不同毒株病毒粒子结构多肽经 12% SDS－PAGE 分析，所得图谱见图 9-10。各组分不同片段分子量列于表 9-3。结果表明，5 个分离株结构多肽的带型及蛋白含量存在明显差别。

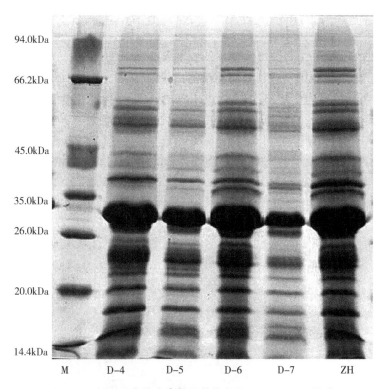

图 9-10　不同分离株病毒粒子结构多肽 SDS-PAGE 图谱

　　D-7 毒株比其他毒株多出了 37.5kD 片段；D-4 缺失 39.4kD 片段，但是 D-6、ZH 的该片段蛋白含量高于 D-5、D-7；D-5、D-6 缺失 42.0kD 片段；D-4 有 90.0kD，其他毒株缺失；D-6、ZH 有 94.4kD 片段，其他毒株缺失。表明各毒株是由有差别的病毒粒子结构多肽的组成。

表 9-3　不同分离株病毒粒子结构多肽不同片段分子量（kD）

多肽编号	不同分离株分子量				
	D-4	D-5	D-6	D-7	ZH
p1			94.4		94.4

（续表）

多肽编号	不同分离株分子量				
	D-4	D-5	D-6	D-7	ZH
p2	90.0				
p3	42.0			42.0	42.0
p4		39.4	39.4	39.4	39.4
p5				37.5	

（五）基因组限制性内切酶图谱的比较

用 3 种核酸内切酶 EcoR I、Pst I、PVU II 分别消化各毒株病毒 DNA，通过试验表明，用酶量为 1μL，37℃ 消化 5~6h 酶切效果较好。经 0.7% 琼脂糖凝胶电泳，图谱见图 9-11，图 9-12，图 9-13，各分离株经 EcoR I、Pst I、PVU II 酶切片段较多，各酶切片段见表 9-4。经 PVU II 酶切，只有 D-7 与其他分离株不同，缺失了 3 348bp 一条带，增加了 3 348bp、2 376bp、

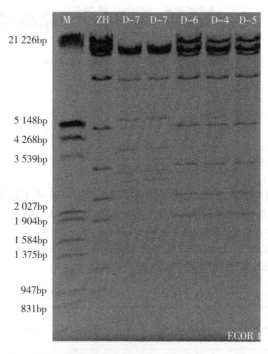

图 9-11　不同分离株基因组限制性内切酶图谱（ECOR I）

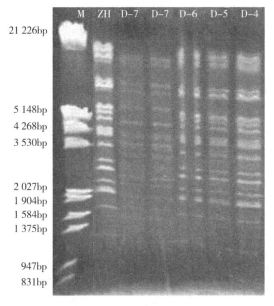

M　ZH　D-7　D-7　D-6　D-5　D-4

21 226bp

5 148bp
4 268bp
3 530bp

2 027bp
1 904bp
1 584bp
1 375bp

947bp
831bp

图 9-12　不同分离株基因组限制性内切酶图谱（PVUⅡ）

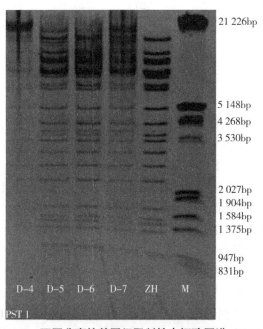

21 226bp

5 148bp
4 268bp
3 530bp

2 027bp
1 904bp
1 584bp
1 375bp

947bp
831bp

D-4　D-5　D-6　D-7　ZH　M

PST I

图 9-13　不同分离株基因组限制性内切酶图谱（PSTⅠ）

1 375bp三个片段；Pst Ⅰ酶切后，D-6、ZH 的酶切片段完全一致，D-5 增加 4 268bp条带，D-4、D-5、D-7 增加 2 801bp条带，但是增加的条带很弱，说明含量较少；EcoR Ⅰ酶切，D-5、D-6、ZH 酶切条带完全一致，D-4 与前述 3 个相比，增加了 4 个条带，即 5 148bp、3 530bp、3 120bp、2 801bp，同样 D-7 也增加了这四条带，但其含量明显高于 D-4，另外，D-7 还增加 1 584bp条带，缺失了 2 619bp、1 904bp、1 161bp、947bp 四个片段，在约 4 973bp、3 348bp处的条带弱于其他条带。总之，用 3 种酶切后，D-7 和 D-4 与其他分离株具有明显不同的条带，D-4 除有与其他分离株完全相同的条带外，还增加了与 D-7 相同的条带；D-7 的条带数与其他分离株不同的较多；D-5、D-6、ZH 相同的较多，但也有不同的酶切片段。

表 9-4 限制性内切酶切片段

Enzyme	Recongition Sequence	D-4	D-5	D-6	D-7	ZH
EcoR Ⅰ	C AATTC	13	10	10	11	10
Pst Ⅰ	CTCGA G	21	21	21	21	21
PVU Ⅱ	CAGCTG	20	20	20	21	20

三、讨论

病毒的形态，大小和结构是病毒学分类的基本依据之一。昆虫核型多角体因种类不同其大小也不同，即使是同种病毒的不同分离株也是如此。NPV 多角体直径在 0.5~15μm，大多为 2~3μm[1]。本研究结果表明，美国白蛾核型多角体病毒直径为 1.0~2.2μm，比其他核多角体要小；单个具囊膜的病毒粒子，其大小为（140~250）nm×（15~35）nm，小于其他病毒粒子，（250~400）nm×（40~70）nm；多角体形态为三角形、四边形、五边形、六边形和不规则形多种形态，表明比较光滑，有的又凹窝。另外发现，这 5 个分离株 D-6 多角体略大一些，直径多为 1.5~2.2μm，而其他分离株在 1.0~1.7μm 范围。各分离株单粒包埋和多粒包埋共存于同一多角体内，多粒包埋核衣壳数为 2~12 粒。

毒力测定结果显示，不同分离株的毒力存在差异，D-7 的毒力最大，D-6 的毒力最小，其他毒株毒力差别不大；以 $1.0×10^7 PIB/mL$ 病毒悬液感染试虫，半数致死时间以 D-7 最短 4.8d，其他半致死时间相差不到 6d

左右。这一结果与 1979 年 Im D. J. 、Hyun J. S. 、Park W. H. 等报道美国白蛾毒力测定有差别，其原因可能与实验者选用的试虫地理种群不同有关，另外，实验的方法、条件不同因而结果有很大的变化。本试验对 5 个分离株进行同步测定，能够比较真实反映出各分离株的毒力差别。

本试验的各分离株的基因组限制性内切酶图谱与韩一侬[187]报道的条带数目和大小有所差异。一方面是由于该病毒基因组较大，进行 DNA 分子量测定时，可能存在分子量带的迁移率测定误差、小分子量带不易分辨而丢失，及相近的片段重叠造成判失误等因素，分子量测定误差是难免的。

在杆状病毒不同分离株中，其形态大小不是差别很大，但其毒力大小却有差别。本实验结果显示各分离株在分子水平上存在诸多不同。它们之间酶切片段和结构多肽带差异，可能存在与其毒力不同直接相关的基因和蛋白，这些基因和蛋白的不同是导致各分离株遗传特性不同的原因。进一步实验，可选择毒力大的 D-7 毒株，把与其他毒株有差异的酶切片段进行定向缺失，构建重组病毒，测定其毒力变化，并将其在病毒基因组中定位，进而找到高毒力的病毒基因。

在自然界中，基因型异质性在昆虫核型多角体病毒中广泛存在，新基因型的产生可能与多基因型的复合侵染、病原微生物与寄主互作中遗传物质的交换有关[62,188]。本试验的病毒不同分离株，来源于韩国和国内，其基因组和病毒粒子结构多肽存在不同程度的差异。这种差异，与其来自不同的地理寄主有关，各种基因型会在不同的寄主中产生不同的分化；而且多种基因型混合病毒在其中的一种寄主中连续繁殖多代后将会改变病毒基因型结构和它们的生物学特性[73,185]，也就是在不同生态条件下多种病毒基因型会出现选择分化或变异。本试验不同分离株的产生可能也有这样的原因。

四、小结

通过对病毒不同分离株的形态特征、生物活性测定、病毒粒子结构多肽 SDS-PAGE、基因组限制性酶切的研究，病毒不同分离株的多角体形态和病毒粒子结构差别不大，均为三角形、四边形等，病毒粒子为单粒和多粒包埋混合型。

生物活性测定结果，D-7 毒力最大，半数致死时间最短，其他各毒株毒力差别不明显。病毒粒子结构多态 SDS-PAGE 提示，D-7、D-4 的条带与其他分离株存在差异。基因组酶切说明，D-7、D-4 的 3 种限制性酶切片段与其他读者的酶切片段以及各毒株酶切片段之间都有程度不同的差异。上述结果提示，不同分离株毒力的差异，可能与其病毒粒子结构多肽、基因组酶切片段不同有关，这些分子层次上的差异造成了其毒力和生物学特性的不同。

第十章　讨论与结论

一、讨论

1. 关于 HcNPV-美国白蛾互作的研究体系

本研究选用 HcNPV、美国白蛾幼虫组织为研究材料，建立了 HcNPV-美国白蛾互作体系，采取各种措施排除试验中不可控制因素的干扰，依据养虫经验、核型多角体病毒侵染机理有效控制室内模拟感病进程，便于不同层次探讨病毒的持效作用和致病机制。但是，各试验材料又有其相应的局限性，难以完全模拟自然状态，试验结果的不确定性或偏差在所难免。因此，今后在进行不同研究时，要考虑选材的代表性，将室内与大田试验有机结合起来，得出的结论将更为可靠。

2. 关于杆状病毒与寄主种群的关系

杆状病毒生物杀虫剂，除了具有生物杀虫剂的优势外，更因其具有的对种群的持续控制作用，而受到研究者的重视。因此，定性和定量研究实验种群中病毒对试虫新陈代谢、繁殖潜力的作用，可以揭示病毒的传播特点。昆虫病毒学的许多研究证明，实验种群的繁殖潜势在病毒的特效性研究中占有不可替代的作用。试虫的新陈代谢和繁殖的弱化作用是病毒作用的直接证据，也是病毒与寄主的生存斗争的必然结果。本研究从试虫染病后繁殖力的不同变化，分析了病毒的持续作用。研究结果表明，病毒对种群的后代有后效作用主要是卵内和卵表传播的结果，本研究在精巢生殖细胞中发现 HcNPV 的增殖，应用 PCR 技术在染病寄主后代卵中检测到病毒基因组扩增片段，这为 HcNPV 在寄主种群中的垂直传播提供了直接证据，也为生物防治策略提供了理论依据。

3. PCR 扩增及蛋白含量检测

PCR 技术是目前检测 NPV 感染最敏感的方法之一，从理论上讲，该法有很高的特异性，但因敏感性太高，极微量的污染也能造成假阴性结果，给结果判断带来困难。因此从取材至 PCR 结束的全过程必须严格避免污染，以免影响结果的正确。

血淋巴蛋白的检测，在取样、分析检测过程中，试验的条件应严格控制，某一步的误差就可能造成结果的不准确。还有样品的处理程序，不同的样品在处理过程中要摸索适合的方法，方能使实验顺利进行。在试验方法上的差异可能使不同的研究者得出的结果完全不同。本研究过程中，也有这样的问题出现，经过多次探讨，进行了修正。因此，在研究过程中，要认真分析其中的问题，并给以科学地解决。

4. 病毒传代中毒力的变化

在病毒的传代过程中，第 3 代、第 7 代与原毒株差异的酶切片段和结构多肽带中，可能存在与病毒毒力变异直接相关的基因和蛋白。进一步实验可把酶切片段中存在差异的片段进行定向缺失，构建重组病毒，观察其病毒粒子的形态结构变化，找出决定病毒毒力变异的基因，并将其在病毒基因组中定位。从而初步揭示决定病毒毒力的机制。本实验毒株的基因组限制性内切酶图谱与报道的条带数目和大小有所差异。由于这类病毒基因组庞大，对其DNA 进行分子量测定，存在小分子量带分辨不出而丢失，大分子量带的迁移率不易测准，及大小非常相近的片段互相重叠而造成判断上的失误等因素，测量误差是不可避免的[189]。

5. 病毒不同毒株的比较

本研究揭示出，在进行不同分离株毒力评价时，可能存在同种寄主不同地理种群的问题，测定的病毒毒力大小可能与病毒的不同来源有关，外来毒株感染国内寄主时毒力可能升高。已经证实，各分离株病毒在异源同种寄主连续传代时，其毒力可能也会有所增加，最终各分离株毒力可能由最初的差异显著到后来的不相上下。因此，在进行病毒不同分离株的毒力比较时，还应考虑到寄主地理种群的影响。尽管有不少病毒基因型已成功分离，但要发挥病毒多个基因型的优势，一方面要做好基础理论研究，另一方面要将室内与室外紧密结合起来，有关基因型的组合、生态适应性、稳定性和变异性等，都是值得深入研究的课题

二、结论

以 HcNPV 感染寄主这一互作系统为研究对象，对 HcNPV 与 Bt 混合感染对寄主的致病性、组织病理、细胞超微结构、免疫组织化学定位、血淋巴蛋白代谢及 HcNPV 在寄主后代种群中的传播、病毒在寄主体内传代、病毒不同分离株的遗传物质与毒力的关系等的研究，得出以下主要结论。

1. HcNPV-Bt 混合对寄主的致病性

混合感染试验表明，当两病原浓度接近 LC_{50} 时，美国白蛾幼虫可表现出病毒或细菌的症状，并依次出现细菌和病毒两个发病高峰期。用各病原浓

度接近 LC_{50} 混合感染，可提前发病高峰期 12~24h；当 Bt 与 HcNPV 以一定浓度混合感染，对各病原毒力均有增效作用；混合感染增效可使半数致死时间（LT_{50}）缩短 0.5~2.1d。说明病原混合感染寄主对其病原的致病性有明显影响，浓度配比是混合侵染提高效力的关键因素。

2. 组织病理学观察

对 HcNPV、Bt、HcNPV-Bt 分别感染美国白蛾幼虫进行组织病理观察比较，结果表明，病毒侵染的途径是先中肠，后脂肪体，气管等敏感组织。但是，脂肪体、气管、表皮的病变程度较中肠严重，肌肉、精巢未发现病变。混合感染病变明显加重，揭示出混合病原对寄主的致病力明显增强。

3. 染病寄主组织超微结构变化

混合感染早期，病理变化主要是 Bt 对中肠的侵染，72h 出现病毒的病理特征，直至 144h 多角体大量形成，这比病毒单剂感染发生的早 24h，说明混合感染导致寄主细胞超微结构变化提前，病毒的侵染时序是中肠早于脂肪体。发现染病美国白蛾幼虫晚期中肠细胞有大量的多角体形成，这可能是可与昆虫的遗传有关，同时发现病毒可以侵染精巢生殖细胞，表明病毒可以经寄主的生殖系统传给子代。

4. 免疫组化检测 HcNPV 抗原在寄主组织中的定位分布

用免疫组化的方法检测混合感染的抗原物质。结果表明，中肠细胞核早期未检测的阳性物质，中晚期的阳性物质略有增多；脂肪体、气管、真皮的细胞核随时间的推进抗原的表达量逐步增多，后期布满其全部组织细胞核，组织细胞开始解体。在精巢中 168h 检测到部分精母细胞中有抗原的表达。表明生殖系统在感染晚期被病毒侵染，暗示病毒可随生殖系统的侵染而传递给子代。同时说明，病毒的侵染途径与病理学和超微结构观察基本是吻合的。在时间上，混合感染组抗原的表达量略早于各单剂的感染组。这从免疫学角度说明混合侵染可加速 HcNPV 的侵染。

5. HcNPV 对染病幼虫血淋巴蛋白的影响

HcNPV 感染寄主幼虫后，试验结果说明，HcNPV 总体上对寄主血淋巴蛋白合成有抑制作用，染病幼虫与健康幼虫血淋巴蛋白含量变化趋势基本是一致的，只是病毒的侵染使其在蛋白含量上减少，蛋白含量变化时间提前24h。SDS-PAGE 电泳发现染病幼虫普通蛋白含量连续 6d 的变化不大，而健康幼虫普通蛋白含量却在 48~96h 明显减少，而染病后糖蛋白、脂蛋白的变化与普通蛋白一致，说明三种蛋白与病毒合成可能相关。

6. HcNPV 在种群中的传播

HcNPV 感染亲代后，对感病寄主当代、子一代、子二代幼虫致死率、蛹重、产卵量等进行了测定，结果发现 HcNPV 对上述检测指标影响显著，在寄主试验种群中传播，以感染 HcNPV 当代、子一代卵为样品，提取总 DNA，以 HcNPV 多角体蛋白基因设计引物，进行 PCR 扩增，对样品的扩增产物，用凝胶检测，结果表明当代、子一代卵的扩增产物为阳性。说明 Hc-NPV 的核酸可以传给子代，从分子角度证实病毒可以经寄主的生殖系统传给子代。

7. HcNPV 在寄主种群中连续传代

HcNPV 在寄主体内继代 7 次后，对其进行电镜观察、生物活性测定、病毒粒子结构多肽酶解研究，结果表明，HcNPV 经过 7 次连续传代后，其形态、毒力、基因组等没有明显变化，病毒粒子结构多肽的变化并未改变其毒力，因此，HcNPV 在继代过程中其遗传物质基本保持稳定。

8. 对 5 种 HcNPV 分离株的研究

试验结果表明，各分离株在生物学特性及基因组方面存在一定差异。其中一株毒力最大，半数致死时间最短，其他各毒株毒力差异不显著。说明不同分离株属于不同的基因型，其毒力的差异，可能与其病毒粒子结构多肽、基因组酶切片段不同有关，这些分子上的差异导致了其毒力和生物学特性的不同。

三、展望

HcNPV-Bt 感染寄主的混合增效机理，在共同靶标中肠组织是如何增殖的，其生理生化的相互关系需进一步探讨。在室内增效的混合配比浓度在室外是否增效，需要进行大田试验进一步调整。HcNPV 对寄主种群的持续控制作用，其经卵内卵表垂直传播的分子生物学证据需要进一步实验加以验证。

随着人们对绿色食品和安全环境的需求越来越迫切，对农业有害生物的控制也越来越寄希望于生物防治。美国白蛾近年来又出现大爆发的情况，给林业生产和城市环境带来重大威胁和损失。昆虫病毒杀虫剂是生物防治农林害虫，实现环境生态平衡和农林经济可持续发展的重要手段之一。然而，HcNPV 已开发出杀虫剂，但因其天然病毒杀虫剂本身固有的缺陷，远远没有大规模推广应用。因此充分发掘昆虫病毒增效途径，提高天然 NPV 的杀虫效果和杀虫速度，并明确它们的增效机理，可为提高病毒杀虫剂的实用性提供有益指导。

参考文献

［1］ 蒲蛰龙. 昆虫病理学. 广州：广东科技出版社，1994.

［2］ Bishop D H L. Genetic engineering of microbes：virus insecticides：a case study In：Darby, G. K. Hunter, P. A., Russel, A. D. (Eds), 50 Years of Microbials. England Cambridge：Cambridge University Press, 1995. 249-277.

［3］ Burden J P, Hails R S, Windass J D, et al. Infectivity, speed of Kill, and productivity of a baculovirus expressing the itch mite toxin txp-1 in second and fourth instar Larvae of *Trichoplusia* ni. Journal of Invertebrate Pathology, 2000. 75 (3)：226-236.

［4］ Cory J S. Field trials of genetically improveed baculovirus insecticide. Nature, 1994. 370 (138-140).

［5］ McCutchen B F, Choudary P V, Crenshaw R, et al. Development of a recombinant baculovirus expressing an insect-sensitive：potential for pest control. Biol Technology, 1991. 9：848-852.

［6］ Keddie B A, Aponte G W, Volkman L E. The pathway of infection of *Autographa californica* nuclear polyhedrosis virus in an insect host. Science, 1989. 243 (4899)：1728-1730.

［7］ Pringle C R. Virus taxonomy—1999. The universal system of virus taxonomy, updated to include the new proposals ratified by the International Committee on Taxonomy of Viruses during 1998. Archives of Virology, 1999. 144 (2)：421-429.

［8］ Black B C, B rennan L A, Dierks P M, et al. Commercialization of baculoviral insecticides in baculoviruses. Edited by Lois, K . Miller. New York：Plenum Press, 1997.

［9］ Federici B A. Naturally occurring baculoviruses for insect pest control. Methods in Biotechnology, 1999, 5：301-320.

［10］ Blissard G W, Black B C, Crook N. Family Baculoviridae, P. 195-

202. In C. M. van Regenmortel, D. Fauquet, D. H. L. Bishop, E. B. Carstens, M. K. Estes, S. M. Lemon, J. Maniloff, M. A. Mayo, D. J. MaGeoch, C. R. Pringle, and R. B. Wickner (ed.), Virus taxonomy classification and nomenclature of viruses: seventh report of the International Committee on Taxonomy of Viruses. San Diego, Wein New york: Academic press, 2000.

[11] Blissard G W. Baculovirus-insect cell inereactions. Cytotechnology, 1996, 20 (1-3): 73-93.

[12] 黎路林, 王旬章, 陈曲侯. 已鉴定的杆状病毒基因及其功能. 病毒学报, 1997, 13 (1): 88-96.

[13] Whitford M, Faulkner P. A structural polypeptide of the baculovirus *Autographa californica* nuclear polyhedrosis virus contains O-linked N-acetylglucosamine. Journal of Virology, 1992, 66 (6): 3324-3329.

[14] Whitford M, Faulkner P. Nucleotide sequence and transcriptional analysis of a gene encoding gp41, a structural glycoprotein of the baculovirus *Autographa californica* nuclear polyhedrosis virus. Journal of Virology, 1992, 66 (8): 4763-4768.

[15] Kuzio J, Jaques R, Faulkner P. Identification of p74, a gene essential for virulence of baculovirus occlusion bodies. Virology, 1989, 173 (2): 759-763.

[16] Faulkner P, Kuzio J, Williams G V, et al. Analysis of p74, a PDV envelope protein of *Autographa californica* nucleopolyhedrovirus required for occlusion body infectivity in vivo. Journal of General Virology, 1997, 78: 3091-3100.

[17] Russell R L, Rohrmann G F. A 25-kDa protein is associated with the envelopes of occluded baculovirus virions. Virology, 1993, 195 (2): 532-540.

[18] Hong T, Braunagel S C, Summers M D. Transcription, Translation, and Cellular Localization of PDV-E66: A Structural Protein of the PDV Envelope of *Autographa californica* Nuclear Polyhedrosis Virus Virology, 1994, 204 (1): 210-222.

[19] Braunagel S C, Summers M D. Autographa californica nuclear poly-

hedrosis virus, PDV, and ECV viral envelopes and nucleocapsids: structural proteins, antigens, lipid and fatty acid profiles. Virology, 1994, 202 (1): 315-328.

[20] Braunagel S C, Elton D M, Ma H, et al. Identification and Analysis of an *Autographa californica* Nuclear Polyhedrosis Virus Structural Protein of the Occlusion-Derived Virus Envelope: ODV-E56 Virology, 1996, 217: 1.

[21] Theilmann D A, Chantler J K, Stewart S, et al. Characterization of a highly conserved baculovirus structural protein that is specific for occlusion-derived virions. Virology, 1996, 218 (1): 148-158.

[22] Braunagel S C, He H, Ramamurthy P, et al. Transcription, Translation, and Cellular Localization of Three *Autographa californica* Nuclear Polyhedrosis Virus Structural Proteins: ODV - E18, ODV - E35, and ODV-EC27. Virology, 1996, 222 (1): 100-114.

[23] Zanotto P M, Kessing B D, Maruniak J E. Phylogenetic interrelationships among baculoviruses: evolutionary rates and host associations. Journal of Invertebrate Pathology, 1993, 62 (2): 147-164.

[24] Bulach D M, Kumar C A, Zaia A, et al. Group II Nucleopolyhedrovirus Subgroups Revealed by Phylogenetic Analysis of Polyhedrin and DNA Polymerase Gene Sequences. Journal of Invertebrate Pathology, 1999, 73 (1): 59-73.

[25] Thiem S M, Miller L K. A baculovirus gene with a novel transcription pattern encodes a polypeptide with a zinc finger and a leucine zipper. Journal of Virology, 1989, 63 (11): 4489-4497.

[26] Lu H, Rajam o F, Dean D H. Identification of amino acid residues of Bacillus thuringiensis dendotoxin CryI Aa associated with membrane binding and toxicity to Bombyx mori. J. Bact, 1994, 176: 5554-5559.

[27] Wolgamot G M, Gross C H, Russell R L Q, et al. Immunocytochemical characterization of p24, a baculovirus capsid - associated protein. Journal of General Virology, 1993, 74: 103-107.

[28] Vialard J E, Richardson C D. The 1, 629-nucleotide open reading frame located downstream of the *Autographa californica* nuclear poly-

hedrosis virus polyhedrin gene encodes a nucleocapsid – associated phosphoprotein. Journal of Virology, 1993, 67 (10): 5859-5866.

[29] Wilson B C, Patterson M S, Flock S T. Indirect versus direct techniques for the measurement of the optical properties of tissue. Photochemistry and Photobiology, 1987, 46 (5): 601-608.

[30] Federici B A, Miller L K. Baculovirus pathogenesis. In The baculovirus. New York: Plenum Press, 1997, 33-60.

[31] Kawanishi C Y, Summers M D, Stoltz D B, et al. Entry of an insect virus inrivo by fusion of viral envelope and microvillus membrane. Journal of Invertebrate Pathology, 1972, 20 (104-108).

[32] Tanada Y, Hess R T, Omi E M. Invasion of a nuclear polyhedrosis virus in midgut of the armyworm, *Pseudaletia unipuncta*, and the enhancementof a synergistic enzyme. Journal of invertebrate pathology, 1975, 26 (1): 99-104.

[33] Granados R R. Infectivity and mode of baculoviruse. Biotechnol. Bioengin, 1980. 22: 1377-1405.

[34] Keating S T, Hunter M D, Schultz J C. Leaf phenolic inhibition of gypsy moth nuclear polyhedrosis virus Role of polyhedral inclusion body aggregation. Journal of Chemical Ecology, 1990, 16 (5): 1445-1457.

[35] Granados R R. Early events in the infection of Hiliothis zea midgut cells by a baculovirus. Virology, 1978, 90 (1): 170-174.

[36] Vail P V, Romine C L, Vaughn J L. Infectivity of nuclear polyhedrosis virus extracted with digestive juices [*Autographa californica*, *Estigmene acrea*, *Trichoplusia ni*] . Journal of Invertebrate Pathology, 1979, 33 (3): 328-330.

[37] van. Loo N-D, Fortunati E, Ehlert E, et al. Baculovirus Infection of Nondividing Mammalian Cells: Mechanisms of Entry and Nuclear Transport of Capsids. Journal of Virology, 2001, 75 (2): 961-970.

[38] Raghow R, Grace T D. Studies on a nuclear polyhedrosis virus in *Bombyx mori* cells in vitro. 1. Multiplication kinetics and ultrastructural studies. Journal of Ultrastructure Research, 1974, 47

(3): 384-399.

[39] Teakle R E. A nuclear-polyhedrosis virus of *Anthela varia* (*Lepidoptera*: *Anthelidae*). Journal of invertebrate pathology, 1969, 14 (1): 18-27.

[40] Wilson M E, Consigli R A. Functions of a protein kinase activity associated with purified capsids of the granulosis virus infecting *Plodia interpunctella*. Virology, 1985, 143 (2): 526-535.

[41] Oppenheimer D I, Volkman L E. Proteolysis of p6. 9 Induced by Cytochalasin D in *Autographa californica* M Nuclear Polyhedrosis Virus-Infected Cells Virology, 1995, 207 (1): 1-11.

[42] Granados R R, Lawler K A. In vivo pathway of *Autographa californica* baculovirus invasion and infection. Virology, 1981, 108: 297-308.

[43] Volkman L E, Goldsmith P A. Budded *Autographa california* NPV 64K protein: further biochemical analysis and effects of postimmuno-precipitaiton sample preparation conditions. Virology, 1984, 139 (2): 295-302.

[44] Volkman L E. The 64K envelope protein of budded *Autographa californica* nuclear polyhedrosis virus. Current Topics in Microbiology and Immunology 1986, 131: 103-108.

[45] Volkman L E, Goldsmith P A. Mechanism of neutralization of budded *Autographa californica* nuclear polyhedrosis virus by a monoclonal antibody: inhibition of entry by adsorptive endocytosis. Virology, 1985, 143 (1): 185-195.

[46] Blissard G W, Wenz J R. Baculovirus gp64 envelope glycoprotein is sufficient to mediate pH-dependent membrane fusion. Journal of Virology, 1992, 66 (11): 6829-6835.

[47] Kozuma K, Hukuhara T. Fusion characteristics of a nuclear polyhedrosis virus in cultured cells: time course and effect of a synergistic factor and pH. Journal of invertebrate pathology, 1994, 63 (1): 63-67.

[48] Monsma S A, Blissard G W. Identification of a membrane fusion domain and an oligomerization domain in the baculovirus GP64 envelope

fusion protein. Journal of Virology, 1995, 69（4）: 2538-2595.

[49] Chernomordik L, Kozlov M, Zimmerberg J. Lipids in biological membrane fusion. Journal of Membrane Biology, 1995, 146（1）: 1-14.

[50] White J M. Membrane fusion. Science, 1992, 258（5084）: 917-924.

[51] 杨忠岐, 张永安. 重大外来入侵害虫: 美国白蛾生物防治技术研究. 昆虫知识, 2007, 44（4）: 72-80.

[52] Ohkuma S, Poole B. Cytoplasmic vacuolation of mouse peritoneal macrophages and the uptake into lysosomes of weakly basic substances. The Journal of Cell Biology, 1981, 90: 656-664.

[53] Marsh M, Helenius A. Virus entry into animal cells. Advances in Virus Research, 1989, 36: 107-151.

[54] Charlton C A, Volkman L E. Penetration of *Autographa californica* nuclear polyhedrosis virus nucleocapsids into IPLB Sf 21 cells induces actin cable formation. Virology, 1993, 197（1）: 245-254.

[55] Volkman L E. *Autographa californica* MNPV nucleocapsid assembly: inhibition by cytochalasin D. Virology, 1988, 163（2）: 547-553.

[56] Funk C J, Consigli R A. Phosphate cycling on the basic protein of Plodia interpunctella granulosis virus. Virology, 1993, 193（1）: 396-402.

[57] Summers M D, Anderson D L. Characterization of deoxyribonucleic acid isolated from the granulosis viruses of the cabbage looper, Trichoplusia ni and the fall armyworm, Spodoptera frugiperda. Virology, 1972, 50（2）: 459-471.

[58] Bud H M, Kelly D C. The DNA Contained by Nuclear Polyhedrosis Viruses Isolated from Four *Spodoptera* spp. (*Lepidoptera*, *Noctuidae*): Genome Size and Configuration Assessed by Electron Microscopy. Journal of General Virology, 1977, 37: 135-143.

[59] Summers M D, Anderson D L. Granulosis virus deoxyribonucleic acid: a closed, double-stranded molecule. Journal of Virology, 1972, 9: 710-713.

[60] 彭建新. 杆状病毒分子生物学. 武汉: 华中师范大学出版社.

2000: 32-84.

[61] Smith I R, Crook N E. In vivo isolation of baculovirus genotypes. Virology, 1988, 166 (1): 240-244.

[62] Crozier R H, Crozier Y C. The cytochrome b and ATPase genes of honeybee mitochondrial DNA. Molecular Biology and Evolution, 1992, 9 (3): 474-482.

[63] Maruniak J E, Brown S E, L. Knudson D. Physical maps of SfM NPV baculovirus DNA and its genomic variants. Virology, 1984, 136 (1): 221-234.

[64] Stiles B, Himmerich S. *Autographa californica* NPV Isolates: Restriction Endonuclease Analysis and Comparative Biological Activity. Journal of Invertebrate Pathology, 1998, 72 (2): 174-177.

[65] Lee H H, Miller L K. Isolation of genotypic variants of *Autographa californica* nuclear polyhedrosis virus. Journal of Virology, 1978, 27 (3): 754-767.

[66] Smith G E, Summers M D. Analysis of baculovirus genomes with restriction endonucleases. Virology, 1978, 89 (2): 517-527.

[67] Allaway G P, Payne C C. A biochemical and biological comparison of three European isolates of nuclear polyhedrosis viruses from *Agrotis segetum*. Archives of Virology, 1983, 75 (1): 43-54.

[68] Ebling P M, Kaupp W J. Differentiation and Comparative Activity of Six Isolates of a Nuclear Polyhedrosis Virus from the Forest Tent Caterpillar, Malacosoma disstria, Hübner. Journal of invertebrate pathology, 1995, 66 (2): 198-200.

[69] Hatfield P R, Entwistle P F. Biological and biochemical comparison of nuclear polyhedrosis virus isolates pathogenic for the oriental armyworm, *Mythimna separata* (*Lepidoptera: Noctuidae*). Journal of invertebrate pathology 1988, 52 (1): 168-176.

[70] Slavicek J M, Mercer M J, Kelly M E, et al. Isolation of a baculovirus variant that exhibits enhanced polyhedra Production Stability during Serial Passage in Cell Culture Journal of invertebrate pathology, 1996, 67 (2): 153-160.

[71] Bull J C, Godfray H C J, O'Reilly D R. A few-polyhedra mutant

and wild-type nucleopolyhedrovirus remain as a stable polymorphism during serial coinfection in *Trichoplusia ni*. Application and Environmental Microbiology, 2003, 69 (4): 2052-2057.

[72] Chakraborty S, Monsourb C, Teakleb R, et al. Yield, Biological Activity, and Field Performance of a Wild - TypeHelicoverpaNucleopolyhedrovirus Produced inH. zeaCell Cultures. Journal of invertebrate pathology, 1999, 73 (2): 199-205.

[73] Tompkins G J, Dougherty E M, Adams J R, et al. Changes in the virulence of nuclear polyhedrosis when propagated in alternated noct (Lepidoptra: Noctuidae) cell lines and hosts. J Econ. Entomol, 1988, 81: 1027-1032.

[74] Young S Y. Effect of nuclear polyhedrosis virus infection in *Spodoptera ornithogalli* larvae on post larval stages and dissemination by adults. Journal of invertebrate pathology, 1990, 55 (1): 69-75.

[75] Smits P H, Vlak J M. Biological activity of *Spodoptera exigua* nuclear polyhedrosis virus against S. exigua larvae. Journal of invertebrate pathology 1988, 51 (1): 107-114.

[76] Murray K D, Elkinton J S. Environmental contamination of egg masses as a major component of trans - generation transmission of gypsy moth nuclear polyhedrosis virus (LdNPV) Journal of invertebrate pathology, 1989, 53: 324-334.

[77] FuxaJ R, Richter A R. Selection for an increased rate of vertical transmission of *Spodoptera frugiperda* (*Lepidoptera: Noctuidae*) nuclear polyhedrosis virus. Environmental Entomology, 1991, 20 (2): 603-609.

[78] 曲良建, 张永安, 王玉珠. PCR 法证实棉铃虫核型多角体病毒对棉铃虫经卵和蛹的垂直传递. 中国生物防治, 2005, 21 (1): 45-48.

[79] 苏志坚, 庞义, 余健秀. 污染寄主卵面的斜纹夜蛾核多角体病毒 PCR 检测及其消除. 农业生物技术学报, 2001. 9 (2): 119-122.

[80] 席景会, 潘洪玉, 刘伟成. 八字地老虎核型多角体病毒对寄主昆虫繁殖潜势的影响. 中国病毒学, 2000, 15: 76-79.

[81] Hughes D S, Possee R D, King L A. Activation and detection of a latent baculovirus resembling *Mamestra brassicae* nuclear polyhedrosis virus in M. brassicae insects. Virology, 1993, 194 (608–615).

[82] Khurad A M, Mahulikar A, Rathod M K, et al. Vertical transmission of nucleopolyhedrovirus in the silkworm, *Bombyx mori* L. Journal of Invertebrate Pathology, 2004, 87 (1): 8-15.

[83] Han M S, Watanabe H. Transovarial transmission of two microsporidia in the silkworm, *Bombyx mori*, and disease occurrence in the progeny population. Journal of invertebrate pathology 1988, 51 (1): 41-45.

[84] Fuxa J R, Sun J-Z, Weidner E H, et al. Stressors and Rearing Diseases of *Trichoplusia ni*: Evidence of Vertical Transmission of NPV and CPV. Journal of Invertebrate Pathology, 1999, 74 (2): 149-155.

[85] Charpentier G, Desmarteaux D, Bourassa J P, et al. Utilization of the polymerase chain reaction in the diagnosis of nuclear polyhedrosis virus infections of gypsy moth (*Lymantria dispar*, Lep., *Lymantriidae*) populations. Journal of Applied Entomology, 2003, 127 (7): 405-412.

[86] 段立清. 昆虫病毒对鳞翅目食叶害虫的亚致死作用. 中国森林病虫, 2002, 21 (3): 33-35.

[87] 刘祖强, 杨复华, 齐义鹏. 杆状病毒的垂直传播及绿色荧光蛋白在棉铃虫幼虫中的表达. 昆虫学报, 2001, 44 (1): 1-7.

[88] Kelly D C. Baculovirus replication. J. Gen. Viriol, 1982, 63: 1-13.

[89] 苏德明. 大袋蛾杆状病毒的初步研究. 中国林业科学, 1978, 4: 40-41.

[90] 庞义, 陈其津. 樟叶蜂的一种中肠核多角体病毒的鉴定. 昆虫天敌, 1982, 4: 47-48.

[91] Watanabe H, Kobara R, Hosaka M. Electrophoretic separation of the hemolymph proteins in the silkworm, *Bombyx mori* L., infected with the nuclear polyhedrosis virus. Journal of Sericultural Science of Japan, 1968, 37: 319-322.

[92] Adams T R, Goodwi R H, Wilcox T A. Electron microscopic invest-

tigations on invasion and replication of insect Baculovirus, in vivo and in vitro. Biologie Cellulaire, 1977, 28: 261-268.

[93] 朱国凯. 茶尺蠖核多角体病毒的鉴定. 微生物学通报, 1981, 8: 102-103.

[94] Smith K M, Xeros N. Development of virus in the cell nucleus. Nature, 1953, 172: 670-671.

[95] 乐云仙. 棉铃虫核多角体病毒研究 (1) 病症和病原物. 复旦学报, 1978, 1: 79-85.

[96] Vail P V, Jay D L. Pathology of a nuclear polyhedrosis virus of the alfalfa looper in alternate hosts. Journal of invertebrate pathology, 1973, 21: 198-204.

[97] Doane W W. Amylase variants in *Drosophila melanogaster*: linkage studies and characterization of enzyme extracts. The Journal of Experimental Zoology, 1969, 171 (3): 31-41.

[98] 吕鸿声. 昆虫病毒与昆虫病毒病. 北京: 科学出版社, 1982, 220-290.

[99] Adams J R, Willis R L, Wilcox. A previous undescribed polyhedrosis of the zebra caterpillar *Ceramica pitta*. Journal of Invertebrate pathology, 1968, 11: 45-53.

[100] 郑桂玲, 等. 八字地老虎核型多角体病毒的寄主范围和室内增殖以及寄主组织病理的研究. 东北农业大学学报, 1998, 29: 340-344.

[101] 邓塔, 蔡秀玉. 烟青虫核型多角体病毒的复制和染病后血淋巴蛋白的变化. 昆虫学报, 1993, 36 (4): 423-429.

[102] 邓塔, 蔡秀玉. 核型多角体病毒在烟青虫脂肪体细胞内复制的电镜观察. 杀虫微生物, 1989, 2: 120-122.

[103] Watanabe H. Protein synthesis in the tissues of the silkworm, Bombyx morii infected with nuclear polyhedrosis virus. Journal of invertebrate pathology 1967, 9: 428-429.

[104] Watanabe H, Kobara R. Synthesis of hemolymph proteins in the silkworm, *Bombyx mori* L., infected with a nuclear and cytoplasmic polyhedrosis virus. pn. J. Appl. Ent. Zool., 1971, 15: 198-202.

[105] Watanabe H, Kobayashi M. Effects of a virus infection on the

protein synthesis in the silk gland of Bombyx mori. Journal of invertebrate pathology, 1969, 14: 102-103.

[106] Shigematsu H. Synthesis of blood protein by the fat body in the silkworm. ombyx mori L. Nature, 1958, 182: 880-882.

[107] West A W. Persistence of *Bacillus thuringiensis* and *Bacillus cereus* in soil supplemented with grass or manure. Plant and soil, 1985, 83: 389-398.

[108] Entwistle P F, Corey J S, Bayley M T. *Bacillus thuringiensis*, an environmental biopescitide: theory and practice. Chichester, England: John Wiley and Sons Ltd, 1993.

[109] 喻子牛. 苏云金杆菌. 北京: 科学出版社, 1990.

[110] Percy J, Fast P G. *Bacillus thuringiensis* crystal toxin: ultrastructural studies of its effect on silkworm midgut cells. Journal of Invertebrate Pathology, 1983, 41: 86-98.

[111] Ellar. Fundamental and Applied Aspects of Invertebrate Pathology: Foundation of 4th International Colloquin of Inverb, Pathol, 1986.

[112] Knowles B H, Ellar D J. Characterization and partial purification of a plasma membrane receptor for *Bacillus thuringiensis* var. *kurstaki* lepidopteran - specific delta - endotoxin. Journal of Cell Science, 1986, 83 (1): 89-101.

[113] Ge A Z, Shivarova N l, Dean D H. Location of the *Bombyx mori* specificity domain on a *Bacillus thuringiensis* delta - endotoxin protein. Proc Natl Acad Sci USA, 1989, 86: 4037-4041.

[114] Indrasith L S, Hori H. Isolation and partial characterization of binding proteins for immobilized delta endotoxin from solubilized brush border membrane vesicles of the silkworm, *Bombyx mori*, and the common cutworm, Spodoptera litura, 1992, 102 (3): 605-610.

[115] Lee M K, Milne R E, Ge A Z, et al. Location of a Bombyx mori receptor binding region on a Bacillus thuringiensis δ - endotoxin. Journal of Biological Chemistry, 1992, 267 (5): 3115-3121.

[116] Aronson, *Bacillus subtilis* and other gram-positive bacteria, biochemistry, physiology and molecular genetics Sonenshein, Abraham L, Hoch J A, et al., Editors. 1993, American Society

for Microbiology：Washington. U S. p. 953-963.

[117] Knowles B H. Mechanism of action of *Bacillus thuringiensis* insecticidal delta-endotoxins. Advances in Insect Physiology, 1994, 24：275-308.

[118] 陈涛. 有害生物的微生物防治原理和技术. 武汉：湖北科学技术出版社，1995.

[119] Kumar P A, Sharma R P, Malik V S. The insecticidal protein of *Bacillus thuringiensis*. Adavances in Applied Microbiology, 1996, 42：1-43.

[120] Hannay C L, Fitz-James P. The protein crystals of *Bacillus thuringiensis* Berliner. Canadian Journal of Microbiology, 1995, 1：674-710.

[121] Fast P G. Thed-endotoxin of Bacillus thuringiensis II. On the mode of action. J. Invertebr. Pathology., 1971, 18：135-138.

[122] 王志英，岳书奎，贾春生，等. 苏云金杆菌感染落叶松毛虫的组织病理. 东北林业大学学报，1996，24 (4)：22-25.

[123] 吴福泉，蔡月仙，廖森泰. BmNPV 对鳞翅目害虫的侵染试验初报. 广东农业科学，1999，4：35-36.

[124] 王厚伟，林永中，张志芳. 苜蓿尺蠖核型多角体病毒对家蚕核型多角体病毒在蚕体内复制的干扰. 中国蚕业，2001，2：9.

[125] Aruga H, Watanabe H. Interaction between inactivated virus of midgut polyhedrosis in the silkworm, Bombyx mori L. J. Sericult. Sci. Japan, 1962, 31：17-24.

[126] Aruga H, Watanabe H. Interference between cytoplasmic polyhedrosis virus in the silkworm, *Bombyx mori* L. J. Sericult. Sci. Japan, 1970, 39：420-424.

[127] 阿部广明. 两种浓核病毒对家蚕的双重感染. 国外农学-蚕业，1987：23-25.

[128] 李海涛，于洪成，刘志洋. Bt 杀虫晶体蛋白的研究概述. 黑龙江农业科学，2004，5：37-39.

[129] Pingel R L, Lewis L C. Field application of *Bacillus thuringiensis* and *Anagrapha falcifera* multiple nucleopolyhedrovirus against the corn earworm, (*Lepidoptera*：*Noctuidae*). Journal of Economic En-

tomology，1997，90（5）：1195-1199.

[130] 侯建文，赵烨烽，姚国强，等. 复配型苜蓿银纹夜蛾核型多角体病毒制剂对两种夜蛾的毒力测定. 中国病毒学，1998，13（4）：345-350.

[131] 张慧. 几种增效因子对昆虫杆状病毒增效作用的初步研究，武汉：华中农业大学，2006.

[132] 刘年翠. 两种颗粒体病毒的单感交叉感染和混合感染试验及其应用效果. 病毒学集刊，1979：72-78.

[133] 薛榕. AcNPV、xGV 单感染及混合感染对小菜蛾的影响. 自然杂志，1995，17（5）：307.

[134] 郭慧芳，方继朝，韩召军. 昆虫病毒增效剂研究进展. 昆虫学报，2003，46（6）：766-772.

[135] M I C，C G，J K M. Effects of bacteria and a fungus fed singly or in combination on mortality of larvae of the cabbage looper (*Lepidoptera*：*Noctuidae*). J. Kans. Entomol. Soc，1980，53（4）：797-800.

[136] Nadarajan L，Martouret D. Synergistic action of different strains of *Bacillus thuringiensis* against cotton leaf worm *Spodoptera littoralis* (Boisduval). Current Science，1994，67（8）：610-612.

[137] 蔡文琴，王伯沄. 实用免疫细胞化学与核酸分子杂交技术. Vol. 4. 成都：四川科学技术出版社，1994：72-97.

[138] 杨忠岐. 中国寄生于美国白蛾的啮小蜂—新属—新种. 昆虫分类学报，1989，11（1-2）：117-130.

[139] 杨忠岐. 美国白蛾的有效天敌：白蛾周氏啮小蜂. 森林病虫通讯，1990（2）：17.

[140] 杨忠岐. 白蛾周氏啮小蜂雌性成虫内部生殖系统的解剖研究. 林业科学，1995，31（1）：23-25.

[141] 杨忠岐. 利用天敌昆虫控制我国重大林木害虫研究进展. 中国生物防治，2004，20（4）：221-228.

[142] 杨忠岐，王小艺，王传珍，等. 白蛾周氏啮小蜂可持续控制美国白蛾的研究. 林业科学，2005，41（5）：72-80.

[143] Yang Z-q，Wei J-r，Wang X-y. Mass rearing and augmentative releases of the native parasitoid *Chouioia cunea* for biological control

of the introduced fall webworm *Hyphantria cunea* in China. BioControl, 2006, 51 (4): 401-418.

[144] Yang Z Q, Wang X Y, Wei J R, et al. survey of the native insect natural enemies of *Hyphantria cunea* (Drury) (*Lepidopter*: *Arctiidae*) in China. Bulletin of Entomological Research, 2008, 98 (3): 293-302.

[145] Im D J, Hyun J S, Paik W H, et al. Studies on the nature and pathogenicity of nuclear polyhedrosis virus of the fall webworm, *Hyphantria cunea* (Drury). Korean Journal of Plant Protection, 1979, 18 (1): 1-10.

[146] Boucias D S, Nordin G L. Susceptibility of Hyphantria cunea to a cytoplasmic polyhedrosis virus. Journal of the Kansas Entomological Society, 1979, 52 (4): 641-647.

[147] Pritchett D W, Young S Y. Efficacy of baculoviruses against field population of fall webworm, Hyphantria cunea. Journal of the Georgia Entomollogical Society, 1980, 15 (3): 332-336.

[148] Tomita K, Ebihara T. Cross-transmission of the granulosis virus of the *Hyphantria cunea* DRURY (*Lepidoptera*: *Arctiidae*), to other lepidopterous insect species. Japanese Journal of Applied Entomology and Zoology, 1982, 26 (4): 224-227.

[149] Kunimi Y. Transovum transmission of a nuclear polyhedrosis virus of the fall webworm, Hyphantria cunea DRURY (Lepidoptera: Arctiidae). Applied Entomology and Zoology, 1982, 17 (3): 410-417.

[150] Lee H H, Lee M K, Cho I H, et al. Location and cloning of the polyhedrin gene of *Hyphantria cunea* nuclear polyhedrosis virus. Journal of the Korean Society Virology, 1991, 21 (1): 25-34.

[151] 刘岱岳, 居蜀生. 美国白蛾病毒的繁殖与飞机喷施. 生物防治通报, 1986, 2 (2): 74.

[152] Lee H H, Lee H J. Reseach map of the geneme of Hyphantria cunea nuclear polyhedrosis virus. Kon Kun Journal of Genetic Engineering, 1991, 4 (0): 9-56.

[153] Lee H y-H. Cloning of the Hyphantria cunea Nuclear Polyhedrosis

Virus Partial EcoRI Genome DNA Fragments in Plasmid Vectors pUC8 and pBR322 J. of Kor. Soc. of Virology, 1991, 21（1）：35-40.

[154] Flipsen J T, Mans R M, Kleefsman A W, et al. Deletion of the baculovirus ecdysteroid UDP-glucosyltransferase gene induces early degeneration of *Malpighian tubules* in infected insects. Journal of Virology, 1995, 69（7）：4529-4532.

[155] 贡成良，小林淳，宫岛成寿，等. HcNPV 半胱氨酸蛋白酶基因的核苷酸序列研究. 生物化学与生物物理学报，1998, 30（3）：307-310.

[156] 贡成良，小林淳，宫岛成寿. 美国白蛾核型多角体病毒几丁质酶基因核苷酸序列研究. 病毒学报，1999, 15（3）：260-269.

[157] 贡成良，小林淳，金伟，等. HcNPV 半胱氨酸蛋白酶、几丁质酶基因失活分析. 生物化学与生物物理学报，2000, 32（2）：187-191.

[158] 曹广力，薛仁宇，朱越雄，等. 美国白蛾核型多角体病毒超氧化物歧化酶基因的序列分析和表达. 微生物学报，2001, 41（2）：173-180.

[159] 曹广力，薛仁宇，朱越雄，等. 美国白蛾核型多角体病毒 p35 基因的克隆及序列分析. 昆虫学报，2002, 45（6）：711-716.

[160] Ikeda M. Gene organization and complete sequence of the *Hyphantria cunea* nucleopolyhedrovirus genome. Journal of General Virology, 2006, 87：2549-2562.

[161] 白东清，路福平，王玉，等. 活酵母衍生物对丁鳞抗氧化能力和部分免疫活性指标的影响. 动物学报，2005, 51（4）：646-668.

[162] 包建中，古德祥. 中国生物防治. 太原：山西科学技术出版社，1998：421-474.

[163] 刘广生，牟志美，陈春花. 苏云金杆菌与核型多角体病毒对家蚕的联合致病作用. 蚕业科学，2005, 31（2）：195-198.

[164] 邬开朗，胡建芳，尹宜农，等. 菜青虫颗粒体病毒对苏云金杆菌的增效作用. 中南民族学院学报（自然科学版），2000, 19（2）：78-80.

[165] 邬开朗, 尹宜农, 胡远扬. 松毛虫质型多角体病毒对苏云金杆菌的增效作用. 中国生物防治, 2001, 17 (3): 141-142.

[166] 胡蓉, 马永平, 徐进平, 等. AcNPV·Bt·En 复配剂对甜菜夜蛾幼虫的毒力测定. 中国生物防治, 2002, 15 (1): 47-封三.

[167] 廖玲洁, 彭建新, 洪华珠. 昆虫病毒增强蛋白的研究新进展. 中国生物防治, 1999, 15 (1): 41-44.

[168] 郭慧芳, 方继朝, 罗伟杰, 等. 不同昆虫病毒对斜纹夜蛾和甜菜夜蛾的联合增效作用. 中国生物防治, 2003, 19 (1): 23-26.

[169] Goto C. Enhancement of a nuclear polyhedrosis virus (NPV) infection by a granulosis virus (GV) isolated from the spotted cutworm, *Xestia cnigrum* L.: Lepidoptera: Noctuidae. Applied entomology and zoology, 1990, 25 (1): 135-137.

[170] Lobinger G. On the synergism of a cytoplasmic polyhedrosis virus (DpCPV) isolated from *Dasychira pudibunda* L. (Lep., Lymantriidae) in mixed infections with different nuclear polyhedrosis viruses. Journal of Applied Entomology, 1991, 112 (4): 335-340.

[171] 肖仕全, 潘敏慧, 万永继. 家蚕病原微生物的交叉感染研究. 蚕学通讯, 2003, 23 (3): 1-5.

[172] Hackett K J, Deming A B. HaGV interference with progression of HzNPV disease in *Helicoverpa zea* larvae. Vol. 25: Proceeding of 30th Annual Meeting of Society for Invertebrate Pathology, 1997.

[173] Bell M R, Rornine G L. Heliothis viresens and *H. zea* (*Lepidoptera*: *Noctuidae*): dosage effects of feeding mixtures of Bacillus thuringiensis and a nuclear polyhedrosis virus on mortality and growth. Environmental Entomology, 1986, 15 (6): 1161-1165.

[174] Cunningham J C. A N Ultrastrurtural study of the development of a nuclear polyhedrosis of the eastern herabck looper. Lambdi. nafi~ellsria [J]. Cauaddian J Microbio. 1971, 17: 69-72. 1968.

[175] Begon M, Haji Daud K B, Young P, et al. The invasion and replication of a granulosis virus in the Indian meal moth, Plodia interpunctella: an electron microspore study. Journal of invertebrate pathology, 1993 (61): 281-295.

[176] Tanada Y, Hess R T. Development of a nuclear polyhedrosis virus in midgut cells and penetration of the virus into the hemocoel of the armyworm (*Pseudaletia Unipuncta*. J lnvertbr Pathol, 1976, 28: 67-76.

[177] 王伯沄, 李玉松, 黄高昇. 病理学技术. Vol. 6.北京：人民卫生出版社, 2000.

[178] 谢富康. 组织学与胚胎学实验指南. Vol. 8. 北京：科学出版社, 2003.

[179] Boenisch T. Handbook of Immunochemical Staining Methods. 3nd Edition. CA, USA：DAKO Corporation. 2001: 26-33.

[180] 丁翠, 蔡秀玉. 棉铃虫感染核型多角体病毒后血淋巴蛋白的变化. 昆虫学报, 1981, 24 (2): 160-165.

[181] 丁翠, 蔡秀玉. 烟青虫感染核型多角体病毒后耗氧量变化. 昆虫学报, 1989, 32 (1): 17-21.

[182] 乔鲁芹. 美国白蛾核型多角体病毒及其感病寄主检测方法的研究.北京：中国林业科学研究院, 2007: 47.

[183] 冀卫荣, 刘贤谦, 师光禄. 核型多角体病毒杀虫剂的开发. 山西农业大学学报, 1998, 18 (4): 302-305.

[184] 徐旭士. 家蚕质型多角体病毒多角体形态变异的分析. 蚕业科学, 1994, 20 (3): 150-153.

[185] Kolodny-Hirsch D M, Van Beek N A M. Selection of a morphological variant of autographa californicanuclear polyhedrosis virus with increased virulence following serial passage in *Plutella xylostella*. Journal of Invertebrate Pathology, 1997. 69 (3): 205-211.

[186] 徐旭士, 徐景士, 刘润忠, 等. 棉铃虫核型多角体和质型多角体在宿主昆虫继代后的毒力分析与比较. 棉花学报, 1996, 8 (3): 155-160.

[187] 韩一侬, 杨玲, 于在林. 四种限制性内切酶对美国白蛾核型多角体病毒 DNA 酶解分析. 林业科学研究, 1999, 3 (4): 341-344.

[188] Cory J S. Assessing the risks of releasing genetically modified virus insecticides：progress to date. Crop Protection, 2000, 19 (8-10): 779-785.

［189］ 贾放. 中国棉铃虫核型多角体病毒 VHA273 原毒株与其克隆株的比较以及原毒株几丁质酶基因的序列分析. 武汉：华中师范大学，2003.

［190］ Granados R R. Infection and replication of insect pathogenic viruses in tissue culture. ［J］. Advances in virus research，1976，20.

［191］ 段彦丽，陶万强，曲良建，等. HcNPV 和 Bt 复配对美国白蛾的致病性 ［J］. 中国生物防治，2008（03）：233-238.

［192］ 段彦丽，曲良建，王玉珠，等. 美国白蛾核型多角体病毒传播途径及对寄主的持续作用 ［J］. 林业科学，2009，45（06）：83-86.

［193］ 段彦丽，张永安，王玉珠. 温度和增效剂对苏云金杆菌杀虫活性的影响. 中国森林病虫，2007，26（1）：1-4.

［194］ 孙云沛，孙耘芹. 昆虫抗药性和昆虫毒理动力学（英）［J］. Entomologia Sinica，1994（3）：217-241.

［195］ 谭福杰. 杀虫剂混用的生物测定方法 ［J］. 昆虫知识，1986（6）：279-281.

附录 I 第三章彩图

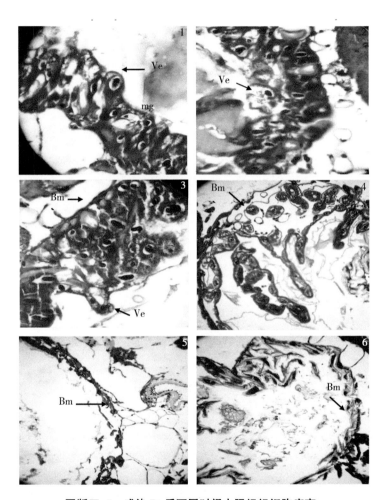

图版Ⅲ-I 感染 Bt 后不同时间中肠组织细胞病变

1，接种 6h；2，接种 24h；3，接种 32h；4，接种 48h；5，接种 72h；
6，接种 96h。Bm-基底膜、mg-中肠、Ve-囊泡。

对照见图版Ⅲ-Ⅱ-2。

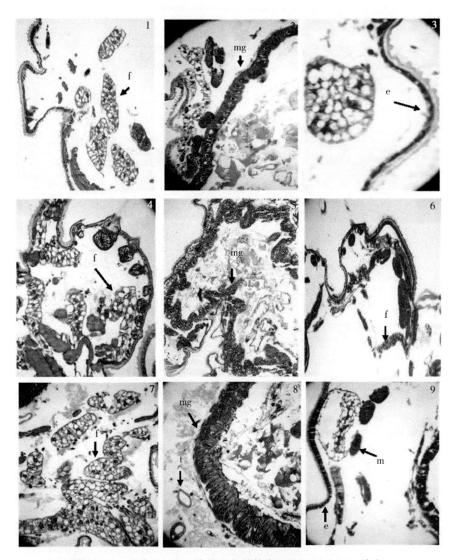

图版Ⅲ-Ⅱ　感染 HcNPV 的美国白蛾幼虫不同组织（H. E 染色）

　　1，2，3，正常的幼虫组织：e-表皮、mg-中肠、f-脂肪体；4，5，6，32h 的幼虫组织：e-表皮、mg-中畅、f-脂肪体 .7，8，9，72h 的幼虫组织：e-表皮、mg-中畅、f-脂肪体、t-气管、m-肌肉。

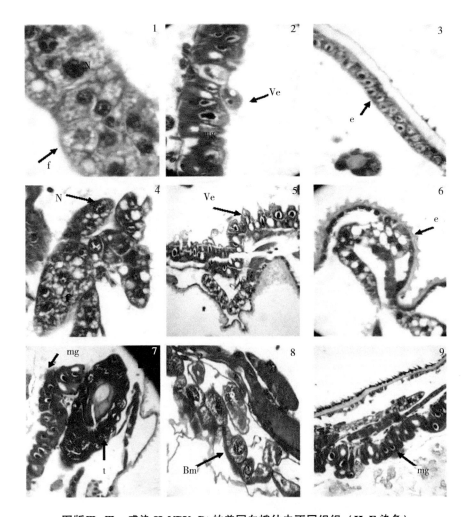

图版Ⅲ-Ⅲ 感染 HcNPV-Bt 的美国白蛾幼虫不同组织（H.E 染色）

1，2，3，染病 32h 的幼虫组织：f-脂肪体、mg-中肠、e-表皮。4，5，6，7，8，9，分别是 48h，72h，144h 的幼虫组织：f-脂肪体、mg-中肠、e-表皮、N-细胞核。对照见图版Ⅲ-Ⅱ-1，2，3。

附录 Ⅱ 第四章电镜图版

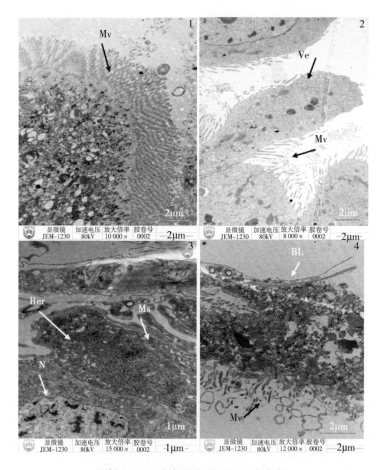

图版 I Bt 感染后中肠组织细胞病变

1，正常中肠上皮细胞；2，Bt 单独感染 24h；3，Bt 单独感 48h；4，Bt 单独感染 72h。注：N-细胞核，Mv-微绒毛，BL-基底膜，Ms-膜结构，Ve-囊泡。

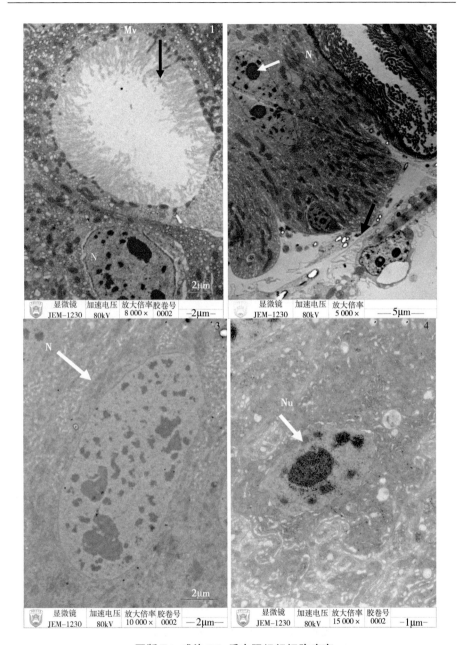

图版Ⅱ　感染 24h 后中肠组织细胞病变

　　1，正常中肠上皮细胞；2，Bt 单独感染 24h；3，HcNPV 单独感 24h；4，HcNPV-Bt 感染 24h。注：N-细胞核，Nu-核仁，Mv-微绒毛。

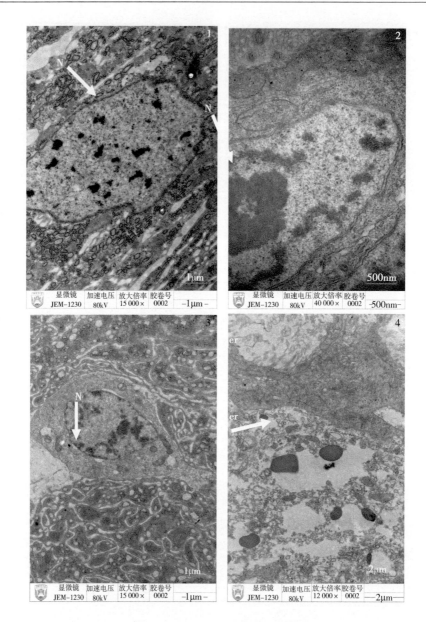

图版Ⅲ 感染 48h 后中肠组织细胞病变

1, 正常中肠组织细胞超微结构; 2, HcNPV 单独感染 48h; 3, HcNPV-Bt 感染 48h; 4, HcNPV 单独感染 48h。注: N-细胞核, Nu-核仁, Rer-内质网。

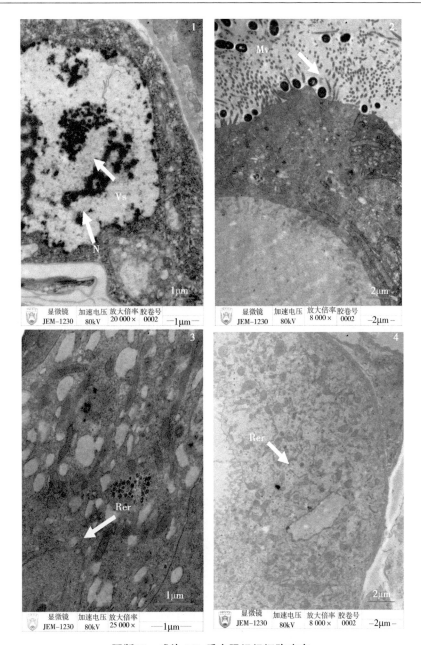

图版Ⅳ 感染 96h 后中肠组织细胞病变

1，HcNPV 单独感染 96h；2，HcNPV-Bt 感染 96h；3，HcNPV 单独感染 96h；

4，HcNPV-Bt 感染 96h。注：N-细胞核，Rer-内质网，Vs-病毒发生基质，Mv-微绒毛。

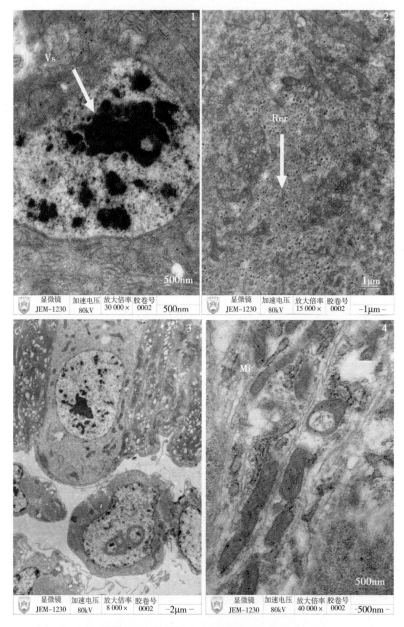

图版 V　感染后 120h 中肠组织细胞病变

　　1，2，HcNPV 单独感染；3，4，HcNPV-Bt 感染。注：N-细胞核，Mi-线粒体，Vs-病毒发生基质，Rer-内质网。

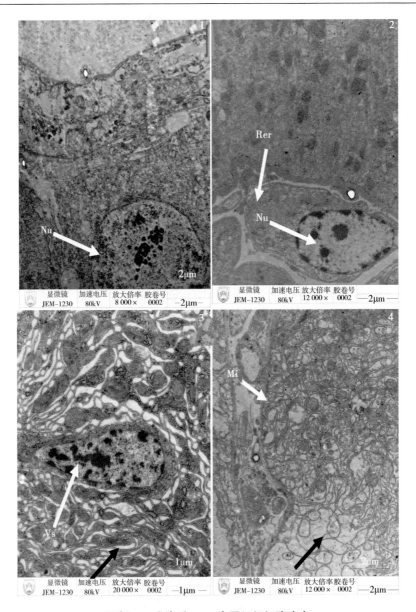

图版Ⅵ 感染后 144h 中肠组织细胞病变

1, HcNPV 单独感染; 2, HcNPV+Bt 感染; 3, HcNPV 单独感染; 4, HcNPV-Bt 感染。注: N-细胞核, Mi-线粒体, Rer-内质网, Ms-膜结构。

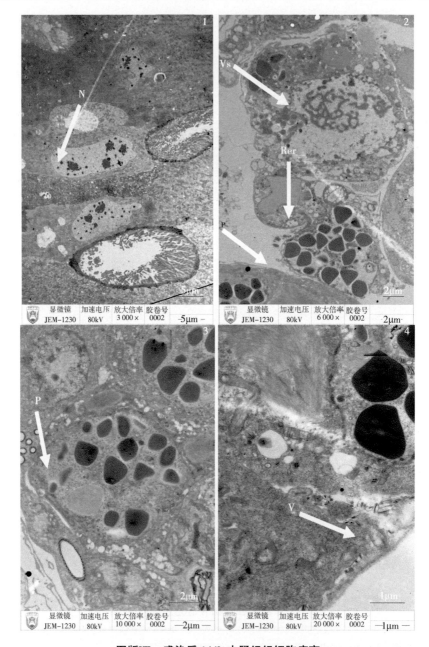

图版Ⅶ　感染后 144h 中肠组织细胞病变

1, 2, 3, 4, HcNPV-Bt 感染。注：N-细胞核，Mi-线粒体，Rer-内质网，P-病毒多角体。

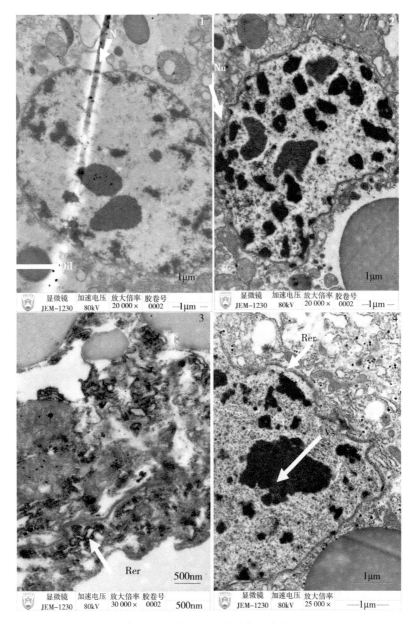

图版Ⅷ　感染后 48h 脂肪体细胞病变

1，正常脂肪体细胞；2，3，HcNPV 单独感染；4，HcNPV-Bt 感染。注：N-细胞核，Mi-线粒体，Rer-内质网，Vs-病毒发生基质，Oil-脂滴。

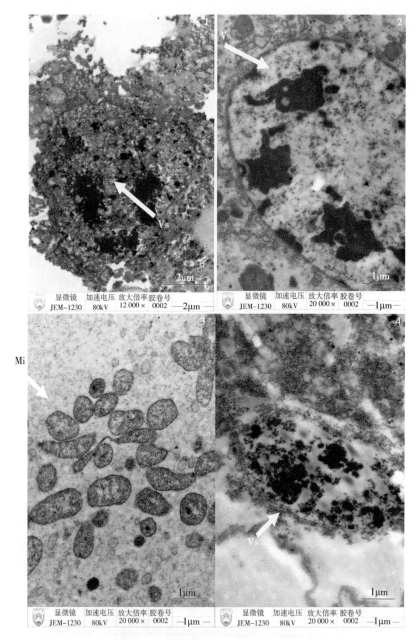

图版Ⅸ　感染 72h，96h 脂肪体细胞病变

1，HcNPV 单独感染 72h；2，HcNPV-Bt 感染 72h；3，HcNPV 单独感染 96h；
4，HcNPV-Bt 感染 96h。注：Mi-线粒体，Vs-病毒发生基质。

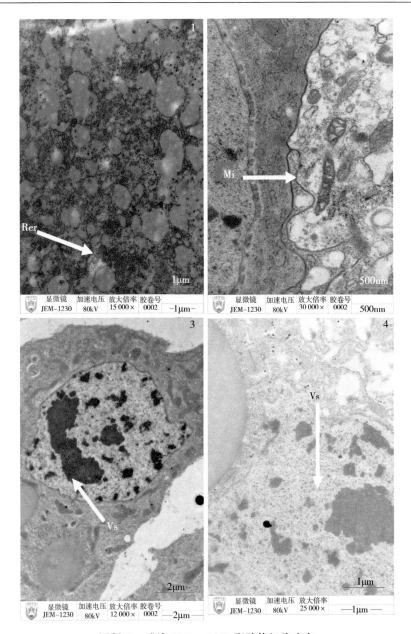

图版 X 感染 120h，144h 脂肪体细胞病变

1，HcNPV 单独感染 120h；2，HcNPV-Bt 感染 120h；3，HcNPV 单独感染 144h；4，Hc-NPV-Bt 感染 144h。注：Mi-线粒体，Vs-病毒发生基质，Rer-内质网。

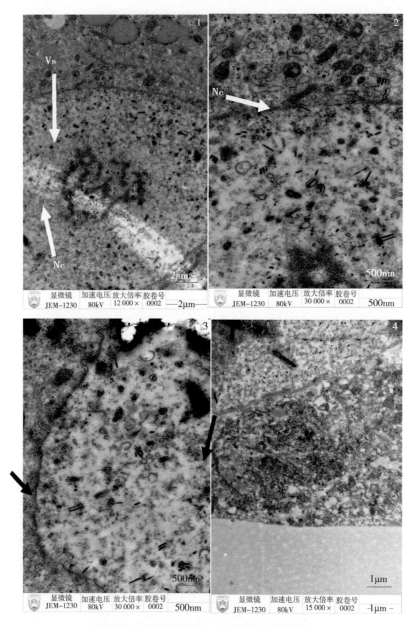

图版XI　HcNPV 感染 168h 脂肪体细胞病变

1，2，3，4，HcNPV 单独感染。注：Nc-核衣壳，V-病毒粒子。

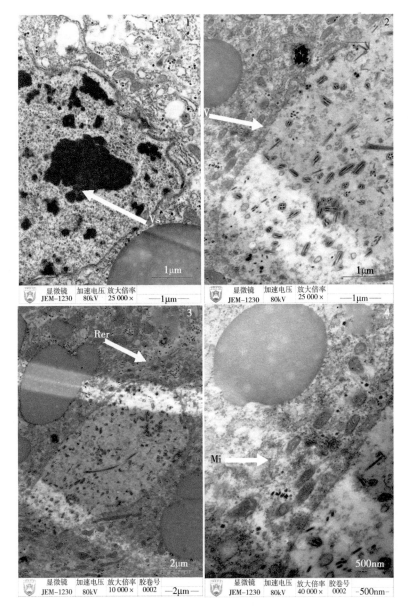

图版Ⅻ HcNPV-Bt 感染 168h 脂肪体细胞病变

1，2，3，4，HcNPV-Bt 感染。注：Mi-线粒体，Rer-内质网，V-病毒粒子，Vs-病毒发生基质。

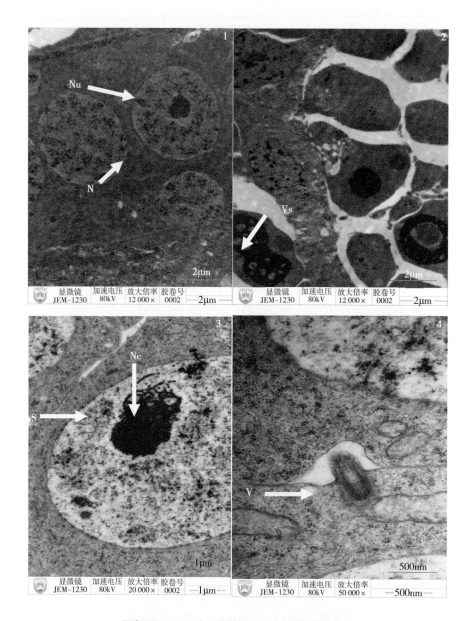

图版XIII　HcNPV 感染 144h 的精巢细胞病变

1，正常精巢细胞；2，3，4，HcNPV 单独感染。注：N-细胞核，Nu-核仁，Nc-核衣壳，V-病毒粒子，Vs-病毒发生基质。

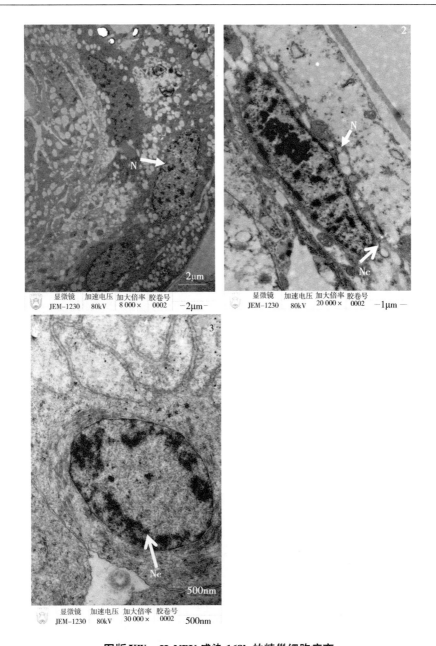

图版 XIV　HcNPV 感染 168h 的精巢细胞病变

　　1, 正常精巢管壁细胞; 2, 感染 168h 的管壁细胞; 3. 感染 168h 的精巢细胞。注: N-细胞核, Nc-核衣壳。

附录Ⅲ　第五章彩图

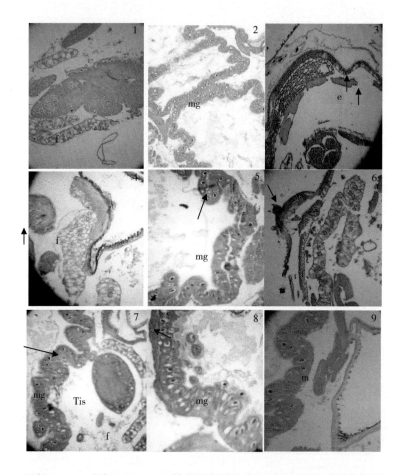

图版Ⅴ-Ⅰ　感染 HcNPV-Bt 的美国白蛾幼虫不同组织的免疫组化结果

1，2，3，正常的幼虫组织；4，5，6，感染 HcNPV-Bt 24h 的幼虫组织；7，8，9，感染 48h 的幼虫组织；注：e-表皮、mg-中肠、f-脂肪体、t-气管、m-肌肉。

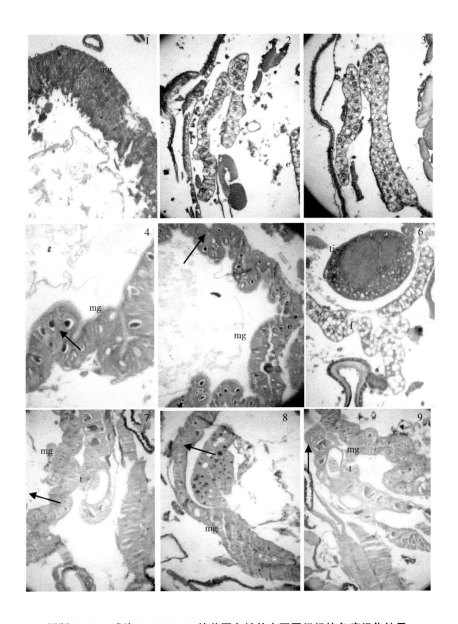

图版 V-Ⅱ 感染 HcNPV-Bt 的美国白蛾幼虫不同组织的免疫组化结果

1，2，3，感染 HcNPV-Bt 48h；4，5，6，分别示 72h；7，8，9，分别示 96h 的幼虫组织；
注：e-表皮、mg-中肠、f-脂肪体、t-气管、m-肌肉。

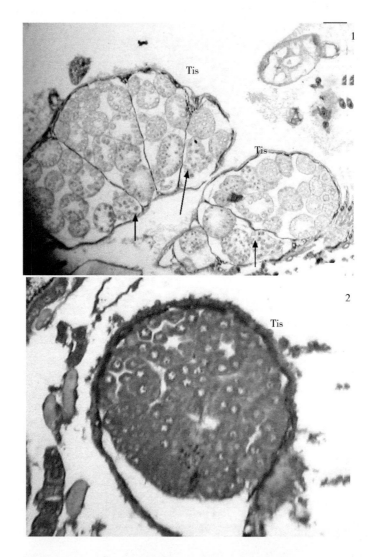

图版 V－Ⅱ－A　感染 HcNPV-Bt 的美国白蛾幼虫精巢的免疫组化结果

1，感染 HcNPV-Bt 144h 的精巢组织：Tis-精巢、箭头-阳性颗粒；2，健康幼虫。

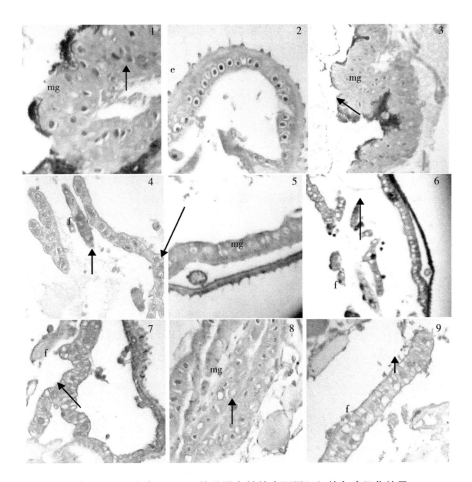

图版Ⅴ-Ⅲ 感染 HcNPV 的美国白蛾幼虫不同组织的免疫组化结果

1，2，3，接种 72h；4，5，6，接种 96h；7，8，9 接种 120h；e-表皮、mg-中肠、f-脂肪体；t-气管、m-肌肉、箭头-阳性颗粒。

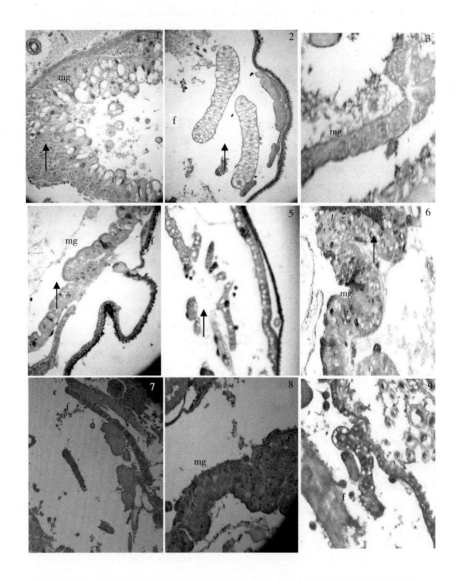

图版 V – IV 感染 HcNPV 的美国白蛾幼虫不同组织的免疫组化结果及对照

1, 2, 3. 接种 120h；4, 5, 6. 接种 144h；7, 8, 9, 正常的幼虫组织；t-气管、m-肌肉、e-表皮、mg-中肠、f-脂肪体；m-肌肉、箭头-阳性颗粒。